长江流域水库群科学调度丛书

促进重要鱼类自然繁殖的三峡水库生态调度关键技术

李德旺 陈 磊 徐 薇 杨 志 杨 霞 等 著

科学出版社

北 京

内 容 简 介

本书针对长江三峡工程调度运行对重要鱼类自然繁殖的潜在影响及其生态调度减缓措施，围绕不同影响区域、不同产卵类型代表性鱼类的自然繁殖及调度需求，提出三峡水库促进库区产黏沉性卵鱼类自然繁殖的稳定水位生态调度方式、优化促进坝下产漂流性卵鱼类自然繁殖的人造洪峰生态调度方式，并基于调度试验的监测数据评估三峡水库生态调度试验效果，介绍濒危物种中华鲟产卵场综合调查技术成果，为三峡水库科学调度并促进长江水生生物多样性恢复提供技术支撑。

本书可供水生生物、水生态、水利工程等相关领域的科研人员，高校相关专业教师和研究生，以及从事水生生物、水生态、水利工程运行管理的技术人员阅读参考。

图书在版编目（CIP）数据

促进重要鱼类自然繁殖的三峡水库生态调度关键技术/李德旺等著. —北京：科学出版社，2024.2
（长江流域水库群科学调度丛书）
ISBN 978-7-03-076935- 0

Ⅰ.① 促… Ⅱ.① 李… Ⅲ.① 三峡水利工程-水利调度-生态工程
Ⅳ.①TV697.1

中国国家版本馆 CIP 数据核字（2023）第 213265 号

责任编辑：闫　陶/责任校对：张小霞
责任印制：彭　超/封面设计：无极书装

科学出版社 出版
北京东黄城根北街 16 号
邮政编码：100717
http://www.sciencep.com

武汉精一佳印刷有限公司印刷
科学出版社发行　各地新华书店经销
*

开本：787×1092　1/16
2024 年 2 月第 一 版　　印张：12 1/4
2024 年 2 月第一次印刷　　字数：293 000
定价：168.00 元
（如有印装质量问题，我社负责调换）

"长江流域水库群科学调度丛书"序

长江是我国第一大河，流域面积达 178.3 万 km^2，截至 2022 年末，长江经济带常住人口数量占全国比重为 43.1%，地区生产总值占全国比重为 46.5%，在我国经济社会发展中占有极其重要的地位。

三峡工程是治理开发和保护长江的关键性骨干工程，是世界上规模最大的水利枢纽工程，水库正常蓄水位 175 m，防洪库容 221.5 亿 m^3，调节库容 165 亿 m^3，具有防洪、发电、航运、水资源利用等巨大的综合效益。

2018 年 4 月 24 日，习近平总书记赴三峡工程视察并发表重要讲话。习近平总书记指出，三峡工程是国之重器，是靠劳动者的辛勤劳动自力更生创造出来的，三峡工程的成功建成和运转，使多少代中国人开发和利用三峡资源的梦想变为现实，成为改革开放以来我国发展的重要标志。这是我国社会主义制度能够集中力量办大事优越性的典范，是中国人民富于智慧和创造性的典范，是中华民族日益走向繁荣强盛的典范。

2003 年三峡水库水位蓄至 135 m，开始发挥发电、航运效益；2006 年三峡水库比初步设计进度提前一年进入 156 m 初期运行期；2008 年三峡水库开始正常蓄水位 175 m 试验性蓄水期，其中 2010~2020 年三峡水库连续 11 年蓄水至 175 m，三峡工程开始全面发挥综合效益。

随着经济社会的高速发展，我国水资源利用和水安全保障对三峡工程运行提出了新的更高要求。针对三峡水库蓄水运用以来面临的新形势、新需求和新挑战，中国长江三峡集团有限公司与水利部长江水利委员会实施战略合作，联合开展"三峡水库科学调度关键技术"第一阶段研究项目的科技攻关工作。研究提出并实施三峡工程适应新约束、新需求的调度关键技术和水库优化调度方案，保障了三峡工程综合效益的充分发挥。

"十二五"期间，长江上游干支流溪洛渡、向家坝、亭子口等一批调节性能优异的大型水利枢纽陆续建成和投产，初步形成了以三峡工程为核心的长江流域水库群联合调度格局。流域水库群作为长江流域防洪体系的重要组成部分，是长江流域水资源开发、水资源配置、水生态水环境保护的重要引擎，为确保长江防洪安全、能源安全、供水安全和生态安全提供了重要的基础性保障。

从新时期长江流域梯级水库群联合运行管理的工程实际出发，为解决变化环境下以三峡水库为核心的长江流域水库群调度所面临的科学问题和技术难点，2015 年，中国长江三峡集团有限公司启动了"三峡水库科学调度关键技术"第二阶段研究项目的科技攻关工作。研究成果实现了从单一水库向以三峡水库为核心的水库群联合调度的转变、从汛期调度向全年全过程调度的转变和从单一防洪调度向防洪、发电、航运、供水、生态、应急等多目标综合调度的转变，解决了水库群联合调度运用面临的跨区域精准调控难度大、一库多用协调要求高、防洪与兴利效益综合优化难等一系列亟待突破的科学问题，为流域水库群长期高效稳定运行与综合效益发挥提供了技术保障和支撑。2020 年三峡工程完成整体竣工验收,其结论是:运行持续保持良好状态,防洪、发电、航运、水资源利用等综合效益全面发挥。

当前,长江经济带和长江大保护战略进入高质量发展新阶段,水库群对国家重大战略和经济社会发展的支撑保障日益凸显。因此,总结提炼、持续创新和优化梯级水库群联合调度理论与方法更为迫切。

为此,"长江流域水库群科学调度丛书"在对"三峡水库科学调度关键技术"第二阶段研究项目系列成果进行总结梳理的基础上,凝练了一批水文预测分析、生态环境模拟和联合优化调度核心技术,形成了与梯级水库群安全运行和多目标综合效益挖掘需求相适应的完备技术体系,有效指导了流域水库群调度方案制定,全面提升了以三峡水库为核心的长江流域水库群调度管理水平和示范效应。

"十三五"期间,随着乌东德、白鹤滩、两河口等大型水库陆续建成投运和水库群范围的进一步扩大,以及新技术的迅猛发展,新情况、新问题、新需求还将接续出现。为此,需要持续滚动开展系统、精准的流域水库群智慧调度研究,科学制定对策措施,按照"共抓大保护、不搞大开发"和"生态优先、绿色发展"的总体要求,为长江经济带发展实现生态效益、经济效益和社会效益的进一步发挥,提供坚实的保障。

"长江流域水库群科学调度丛书"力求充分、全面、系统地展示"三峡水库科学调度关键技术"研究项目的丰硕成果,做到理论研究与实践应用相融合,突出其系统性和专业性。希望该丛书的出版能够促进学科相关科研成果交流和推广,给同类工程体系的运行和管理提供有益的借鉴,并为学科未来发展起到积极的推动作用。

中国工程院院士

张建云

2023 年 3 月 21 日

前　言

　　长江流域是我国重要的生物资源宝库。发达的水系组成、多样的生境类型造就了全国最为丰产的淡水鱼类资源。据统计,长江流域分布有鱼类477种(亚种),其中有177种特有鱼类,包括分布于长江上游的特有鱼类124种。长期以来,受拦河筑坝、水域污染、过度捕捞等多种人类活动叠加影响,长江的鱼类资源及其生物多样性持续下降,水生生物保护形势严峻。尤其是拦河工程对河流结构、水文、水温等生境条件造成不可逆的改变,是引发生态系统退化和生物多样性丧失的重要因素。为了协调水电开发与生物资源保护,水库调度运行对生物多样性的影响及其生态调度减缓措施研究成为国内外关注的热点,生态调度也作为一项重要的保护修复措施被写入《中华人民共和国长江保护法》。三峡工程是治理和开发长江的关键性骨干工程,在全面发挥防洪、发电、航运等综合效益的同时,对长江水生生物产生一些直接和间接的影响。因此,深入研究三峡水库调度运行对库区、坝下不同区域的代表性鱼类物种关键生活史的影响,弄清代表性物种关键生活史的生态水文需求,提出具有可操作性的生态调度调控技术,在基础研究层面是河流生态学研究和治理管理的前沿和热点,在实践应用层面又是长江大保护、生物多样性保护的迫切需求。

　　中华鲟、四大家鱼①是三峡工程生态环境保护的关键物种,科研工作者在三峡坝下开展了长期的自然繁殖试验和水文环境要素监测。根据1997~2010年三峡工程建设和运行初期结果:水库滞温效应使得中华鲟和四大家鱼自然繁殖时间逐渐延迟,水库调峰作用削弱了四大家鱼产卵繁殖的水文信号,是四大家鱼自然繁殖规模锐减的重要原因。三峡水库蓄水后在库区支流形成了大面积的消落带和变动回水区,这些消落带和变动回水区是众多产黏沉性卵鱼类产卵场的重要分布区域,这些产黏沉性卵鱼类的繁殖期集中在每年3~5月,此时三峡水库库水位持续消落或较大波动对库区部分黏沉性鱼卵的附着基质造成一定影响。基于三峡水库调度运行对代表性鱼类关键生活史影响的科学分析、不同调度时期鱼类繁殖监测资料以及生态调度试验经验的不断积累,形成促进重要鱼类自然繁殖的三峡水库生态调度关键技术成果。

　　本书共分为6章。第1章介绍长江流域的河湖水系、鱼类资源和水能资源概况,总结河流水电开发对水生生物的影响,综述国内外水电工程生态调度研究进展,以及三峡工程的生态调度研究与实践。第2章以三峡库区重要支流为典型区域,详细研究产黏沉性卵鱼类资源现状、优势种类的繁殖生物学、产黏沉性卵鱼类早期资源状况及产卵场生境特征。第3章以三峡坝下宜昌至监利江段为典型区域,系统研究三峡建设及运行不同时期鱼类资源及群落多样性特征,分析产漂流性卵鱼类早期资源组成、四大家鱼自然繁殖等动态变化。第4章研究三峡水库调度运行对产黏沉性卵鱼类自然繁殖的影响,分析产黏沉性卵鱼类自

---

① 四大家鱼指青鱼、草鱼、鲢、鳙。

然繁殖的生态调度需求,提出促进库区鲤、鲫自然繁殖的生态调度运行方式;深入剖析四大家鱼自然繁殖与水温、水文情势响应关系,量化四大家鱼自然繁殖的关键水文参数,模拟四大家鱼产卵期的生态流量适宜范围。第 5 章介绍三峡水库实施针对不同产卵类型鱼类自然繁殖的生态调度试验背景,监测分析重要鱼类自然繁殖对生态调度的响应变化,评估三峡水库生态调度试验效果。第 6 章介绍中华鲟濒危状况评估方法和评估结果,结合近年来中华鲟在宜昌葛洲坝坝下产卵场的自然繁殖中断现象,总结中华鲟新产卵场综合调查技术及调查成果,以期为三峡水库生态环境保护工作积累基础资料。

　　本书的出版得到了中国长江三峡集团有限公司"三峡水库科学调度关键技术"第二阶段研究项目的资助。全书由李德旺、陈磊负责统稿,徐薇、杨志、杨霞等参与撰写。各章节具体分工如下:第 1 章由李德旺、陈磊、陈小娟、徐薇撰写;第 2 章由杨志、朱其广、曹俊、范向军、张地继撰写;第 3 章由杨志、徐薇、杨霞、刘宏高、孙志峰撰写;第 4 章由徐薇、杨志、易燃、肖扬帆、吴鹏撰写;第 5 章由徐薇、杨志、金瑶、姜伟、朱迪撰写;第 6 章由陶江平、徐念、朱滨、蔡玉鹏、时玉龙撰写。水利部长江水利委员会、中国长江三峡集团有限公司流域枢纽运行管理中心等单位专家提供了大量技术指导和资料支持,在此一并致谢。

　　由于作者水平有限,书中难免有不足之处,敬请读者批评指正。

作　者

2023 年 5 月 15 日

目　录

第1章

绪　　论

　　长江流域河湖水系发达、湿地类型多样，水能资源丰沛，水生生物资源丰富。目前长江流域已建成大型水库 300 余座，其中，长江上游（宜昌以上）大型水库 112 座，中游（宜昌至湖口）大型水库 170 座。梯级水电开发给河流生态系统带来了一系列胁迫效应，对水生生物群落、生物完整性、重要水生物种及种群的遗传多样性造成或多或少的影响。为此，河流生态需水及水电工程生态调度一直是国内外河流管理研究的热点。

　　2010 年以来，水利部长江水利委员会统筹推进长江上游大型水库群的联合调度工作，充分发挥水工程在流域水旱灾害防御、水生态修复与环境保护中的作用。在长江干流水电开发累积影响与关键水生生物保护日益严峻的背景下，三峡水库陆续实施了促进坝下四大家鱼自然繁殖的生态调度试验和保障库区支流鲤、鲫鱼类产卵孵化的生态调度试验。总体来说，目前以三峡水库为核心的水库群生态调度的效果仍然比较有限，缺乏针对长江不同产卵类型为代表的多目标鱼类物种关键生活史完成的生态调度策略研究与实践。

1.1 长江流域资源概述

1.1.1 河湖水系

长江流域横贯我国东中西三大自然地带，地跨平原、盆地、山地和高原，地形复杂，地貌丰富，自然地理环境格局差异十分明显，不同区域气候迥异，造就了长江流域丰富多样的湿地类型。长江源头高原地区由于充足的冰川融水补给，沼泽湿地普遍发育，成为我国最大的沼泽分布区；长江上游云贵高原地区由于河流下切作用，同时受印度板块和西藏板块碰撞影响，构造湖泊发育明显，沼泽也多为湖泊沼泽化而形成；长江中下游地区，广袤的洪泛平原上分布着全国最大的几个淡水湖泊群，从而成为我国淡水湖泊湿地的集中分布区；长江河口地区，在海陆交界处发育有大面积的滩涂湿地。

长江水系发达，直接汇入长江的大小支流约 7 000 余条，流域面积在 1 000 km² 以上的有 483 条，10 000 km² 以上的有 49 条，80 000 km² 以上一级支流有雅砻江、岷江、嘉陵江、乌江、湘江、沅江、汉江、赣江共 8 条。长江水系的河流可分为三种类型：第一类为峡谷型河流，包括长江干流金沙江和三峡河段、支流雅砻江中下游、岷江上游及其支流大渡河、嘉陵江上游及其支流白龙江、赤水河、乌江、清江、沅江、汉江上游等。这类河流流经青藏高原、云贵高原及边缘山地、秦岭、大巴山地，流域面积占长江流域总面积的一半以上，河谷切割较深，落差大，水量丰富，水能资源蕴藏量占全流域的70%以上，矿藏和森林资源丰富，但人口不及全流域的20%，土地利用率低，交通条件差，经济开发程度较低。第二类为丘陵平原型河流，包括长江干流四川盆地河段、长江中下游、岷江中下游、沱江、嘉陵江中下游、资江、湘江、汉江中下游、赣江等。这类河流出自峡谷，大部分流经丘陵和平原，水能资源相对减少，而人口较为密集，土地利用率较高，交通便利，经济开发程度较高。第三类河流是长江中下游直接汇入江湖的中小河流，这类河流的流域面积小，大多缺乏水能资源，但耕地面积大，人口稠密，农业发达，洪涝灾害比较严重。

长江以其庞大的河湖水系，独特完整的自然生态系统，强大的涵养水源、繁育生物、释氧固碳、净化环境功能，维护了我国重要的生物基因宝库和生态安全；以其丰富的水土、森林、矿产、水能和航运资源，保障了国家的供水安全、粮食安全和能源安全。

1.1.2 鱼类资源

长江流域是我国重要的生物资源宝库。发达的水系组成、多种多样的生境类型造就了全国最为丰富的淡水鱼类资源。长江流域记录有鱼类 477 种（亚种），其中有 177 种特有鱼类（表 1.1）。流域有 9 个特有属，分别是华缨鱼属、华鲮属、鲌鲫属、异鳔鳅鲍属、高原鱼属、球鳔鳅属、金沙鳅属、后平鳅属、似刺鳊鮈属。其中 8 个属分布于长江上游，仅似刺鳊鮈属分布于中、下游。源头及金沙江上游以裂腹鱼类、高原鳅类为主，绝大多数为当地特有种，如小头高原鱼、中甸叶须鱼、松潘裸鲤等。许多河流都有其独有的特有种，如金沙江、雅砻江上游的长丝裂腹鱼、裸腹叶须鱼，大渡河的长须裂腹鱼、川陕哲罗鲑等。

上游鱼类种数多，特有种也多，如岩原鲤、厚颌鲂、长薄鳅等。鲤、鲇、长吻鮠等经济鱼类也有一定的产量；圆口铜鱼既是特有鱼类，又是重要的经济鱼类。中下游主要由草鱼、青鱼、鲢、鳙、鲤、鲫、鲂为代表的经济鱼类构成，特有种较少，如团头鲂、似刺鳊鮈、细尾蛇鮈等。长江流域有10种河海洄游性鱼类，其中，中华鲟、鲥为溯河洄游性鱼类，鳗鲡与松江鲈则为降海洄游性鱼类。此外，长江还生活着40余种咸淡水鱼类，它们对盐度的适应性较强，主要生活在沿海及河口区域，如鲻、鲛、花鲈等。

表1.1 长江流域各区域鱼类分布

区域	水域	种类数	代表性珍稀特有种类	常见或优势种类	香农-维纳多样性指数
长江源及金沙江区域	长江源	5	—	刺突高原鳅、裸腹叶须鱼、细尾高原鳅	0.74
	金沙江	90	黄石爬鮡、长薄鳅、圆口铜鱼等	红尾副鳅、中华纹胸鮡、鳖	3.11
	雅砻江	64	短须裂腹鱼、长丝裂腹鱼、金沙鲈鲤等	长丝裂腹鱼、鳖、齐口裂腹鱼	2.54
长江上游区域	宜宾至江津干流	57	胭脂鱼、岩原鲤、长薄鳅等	中华纹胸鮡、瓦氏黄颡鱼、蛇鮈	2.71
	岷江	65	长薄鳅、小眼薄鳅、松潘裸鲤等	鲤、鲫、瓦氏黄颡鱼	3.22
	赤水河	107	达氏鲟、胭脂鱼	唇䱻、切尾拟鲿、云南光唇鱼	3.16
三峡库区及其支流	三峡库区干流	71	双斑副沙鳅、长薄鳅、厚颌鲂、圆口铜鱼、圆筒吻鮈、长鳍吻鮈、钝吻棒花鱼、异鳔鳅鮀、中华金沙鳅、岩原鲤	鲢、鳙、草鱼、鲇、铜鱼	3.28
	嘉陵江	72	51种特有种类	鲤、鲫、黄颡鱼	2.41
	乌江	75	岩原鲤、圆筒吻鮈、宜昌鳅鮀	黄颡鱼、泉水鱼、鲇、鲤	3.34
长江中下游区域	中下游干流	95	中华鲟、胭脂鱼	鲫、银鲴、似鳊	3.62
	湘江	81	中华鲟、胭脂鱼	宽鳍鱲、中华沙塘鳢	2.90
	沅江	99	—	黄颡鱼、鲤、鲫、蒙古鲌	3.24
	汉江	81	秦岭细鳞鲑	鲤、鲫、蛇鮈、黄颡鱼	3.87
	赣江	61	中华鲟	银鲴、黄颡鱼、贝氏䱗	2.32
长江口	长江口	31	中华鲟	鲢、鲫、鳊、鳙	2.60
重要通江湖泊	洞庭湖	61	—	鲤、鲫、鲇、黄颡鱼、青鱼、草鱼	3.47
	鄱阳湖	57	—	鲤、鲫、鲇、短颌鲚、黄颡鱼	3.46
长江流域合计		477	中华鲟、胭脂鱼等	鲤、鲫、黄颡鱼等	

2017~2018年在开展长江流域水生态及重点水域富营养化状况综合调查时，在金沙江中下游、三峡水库、长江中下游干流、雅砻江、赤水河、乌江、汉江、洞庭湖、鄱阳湖和长江口共采集到鱼类11目25科198种，其中，鲤形目为长江流域的主要类群，共有4科136种（亚种），占鱼类种类数的68.7%。其后依次为鲇形目5科27种、鲈形目8科19种、

鲑形目 1 科 5 种、鲱形目 1 科 4 种、颌针鱼目 1 科 2 种、鲟形目 1 科 1 种、鳗鲡目 1 科 1 种、合鳃鱼目 1 科 1 种、鲽形目 1 科 1 种、鲉形目 1 科 1 种。采用香农-维纳多样性指数 （Shannon-Wiener's diversity index）表征群落内生物多样性信息，调查各区域鱼类生物多样性见图 1.1。其中，汉江、长江中下游干流、两湖（洞庭湖、鄱阳湖）的鱼类生物多样性较高，长江口、雅砻江、嘉陵江的鱼类生物多样性较低。

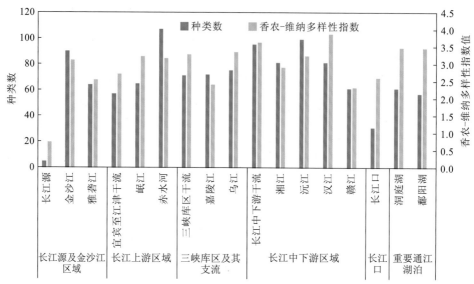

图 1.1　长江流域不同调查区域的鱼类种类数和香农-维纳多样性指数

1.1.3　水能资源

长江流域面积辽阔、水资源和水能资源蕴藏丰富，是实施能源战略的主要基地。长江流域水能资源理论蕴藏量达 30.05 万 MW，年发电量 2.67 万亿 kW·h，约占全国的 40%；技术可开发装机容量 28.1 万 MW，年发电量 1.30 万亿 kW·h，分别占全国的 47% 和 48%。在我国已规划的十三大水电基地中，金沙江、长江上游、雅砻江、大渡河和乌江 5 个水电基地都位于长江流域，其技术可开发总量占到十三大水电基地的 55%（崔磊，2017）。

长江上游流域的干支流共规划有梯级水电站 127 座。其中：金沙江上游规划 10 级，金沙江中下游规划 14 级；雅砻江干流规划 22 级，岷江干流都江堰以上规划 10 级，岷江中下游规划 12 级，大渡河干流规划 29 级，乌江干流规划 12 级，嘉陵江广元以下干流规划 16 级；长江上游干流 2 级（三峡和葛洲坝）。目前，嘉陵江和乌江干流全部梯级已基本实施，其他支流梯级建设有逐渐向规划河段上游推进的趋势（林鹏程 等，2019）。

长江流域已建成大型水库 300 余座，总调节库容超 1 800 亿 m³，防洪库容约 800 亿 m³。其中，长江上游（宜昌以上江段）大型水库 112 座，总调节库容超 800 亿 m³、预留防洪库容 421 亿 m³；中游（宜昌至湖口江段）大型水库 170 座，总调节库容超 949 亿 m³、预留防洪库容 333 亿 m³。随着一大批库容大、调节性能好的综合利用水利枢纽工程相继建成运行，为了统筹协调防洪、供水、生态、发电、航运等方面的关系，保障重点地区防洪安全、供水安全和生态安全，充分发挥水利工程在流域水旱灾害防御、水生态修复与环境保护中的作用，必须对上游的大型水库群进行通盘考虑，妥善、有序、依次地安排好蓄泄调度。2010年长江水利委员会开始计划安排水库群联合调度工作，2012年首次将三峡、二滩、紫坪铺、构皮滩、碧口等10座大型水库纳入联合调度范围，积极探索实施水库优化调度，在汛末，成功协调三峡、二滩、瀑布沟、向家坝等上游水库有序蓄水，三峡水库得以成功蓄水至175 m。此后，逐年增加列入联合调度计划的水库。根据《2020年长江流域水工程联合调度运行计划》，纳入2020年联合调度范围的水利工程共计101座（处），其中包括控制性水库41座（图1.2）。

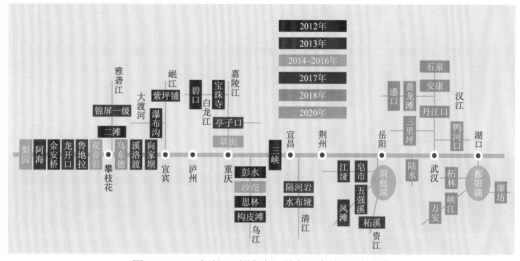

图1.2 2020年长江流域纳入联合调度的41座水库

1.2 河流水电开发对水生生物的影响

1.2.1 对水生生物群落的影响

水电站梯级开发产生的最显著影响是将原本自然流淌的河流变成静水或缓流的水库群。随着水电工程建设运行后的河流生境变化，库区的生物群落经过自然演替，使水生态系统由以底栖附着生物为主的"河流型"异养体系向以浮游生物为主的"湖沼型"自养体系演化（Ward and Stanford，1979）。这种演替在浮游植物、鱼类等不同水生生物类群中均有体现。蓄水前后，库区自然水文情势消失与水动力学条件空间差异引起水库浮游植物群落结构变化。水流减缓、透明度增加、水温分层、水体营养升高等为浮游植物生长创造了有利条件，局部水域在适宜光照和水温条件等交互作用下容易暴发水华。例如：自2003年9月在重庆境内巫山大宁河回水区首次发生水华以来，截至2017年底，三峡库区重庆段19条支流共发生水华100余次（李礼 等，2019）。库区水文生境条件、饵料生物的改变使得鱼类群落结构也发生相应变化。总体上，蓄水后库区鱼类群落结构呈现适应流水生境鱼类数量减少而适应库区生境的鱼类资源增加，喜流水性鱼类被迫向库尾及上游流水江段迁移，随着时间和空间的积累，出现土著特有物种显著减少，外来入侵物种增多，生物多样性下降等一些系列变化（魏念 等，2021；杨志 等，2017；Petesse and Petrere，2012；Taylor et al.，2008；Vehanen et al.，2005）。河流障碍物导致的栖息地均质化、关键栖息地质量降低与空间萎缩等成为流水性鱼类的生存瓶颈。

大坝调度运行改变了生物栖息环境，其中水流节律和水温过程的改变影响水生生物的完整性，可能是对大型河流生态系统功能的最大影响（Richter and Thomas，2007）。三峡调度运行后，由于清水下泄和水文节律等方面的变化，给长江中下游干流及两湖的生态环境和生物群落带来一定程度变化，特别是作为江豚饵料的鱼类资源下降，以及栖息地衰退等，直接或间接地影响长江江豚生存（谢平，2018）。在鱼类群落方面，有研究揭示 14 年期间（1999～2012 年）三峡水库蓄水和捕捞对三峡坝下鱼类群落时间格局的显著影响，其中三峡水库调度运行是引起坝下水体物种丰度改变和广适性物种增加的主要原因（Yang et al.，2018）。

1.2.2　对生物完整性的影响

美国学者 Karr 于 1981 年提出利用鱼类群落建立生物完整性指数（index of biotic integrity，IBI）进行生物完整性评价，以此反映群落的结构与功能特征，以及证明其具有的维持自身平衡、保持结构完整和适应环境变化的能力（Karr，1981）。目前，IBI 已经发展成以不同类群生物为对象、采用不同群落特征指标的多种生物完整性指数形式，并在河流生态系统健康及其受水利工程建设等人类活动影响方面得到了广泛应用。例如：Santucci 等（2005）在美国伊利诺伊州的一段 171 km 河段上调查了 15 座小水坝对水生生物的影响，结果表明：自然流态河段的生物完整性指数，包括鱼类生物完整性指数（fish index of biotic integrity，F-IBI）、底栖动物状况指数均明显高于蓄水区域。Yang 等（2020）从金沙江石鼓到长江上游涪陵江段共设置了 14 个采样点（涵盖 10 座梯级水电站），构建了新的基于鱼类的生物完整性指数来评估长江上游梯级水库对鱼类群落的影响，研究表明在水库梯级中，从上游到下游，F-IBI 呈明显下降趋势，水库过渡带的 F-IBI 明显低于水库之间的自然流动河段，最终得出梯级水库的纵向位置以及下游水库和上游大坝的接近程度对鱼类种类组成有非常重要的影响。Musil 等（2012）在大空间尺度上研究了捷克易北河（Elbe River）、多瑙河（Danube River）和奥得河（Oder River）的幼鱼群落结构及完整性指数包括欧洲鱼类指数（the European fish index，EFI）和捷克多度量指标（the Czech multi-metric index，CZI）对河流障碍物（1 118 个堰、28 个坝）的响应，结果表明：对幼鱼的不利影响（流水性鱼类减少和低 IBI 值）随着河流障碍物数量增加和连续两个障碍物之间距离的减小而显著升高；鱼类群落能够对流域尺度的障碍物表现出功能和数值上的响应。

1.2.3　对重要水生物种的影响

在物种层面，水电工程建设往往对洄游性鱼类造成较大影响，主要表现为阻隔鱼类洄游，使其无法正常地完成生活史，从而影响物种种群规模甚至是物种的生存。1952 年在美国克拉克福克河（Clark Fork River）上修建了三座大坝后，强壮红点鲑（*Salvelinus confluentus*）洄游通道被阻隔，其繁殖群体数量在 1954～1991 年明显减少（Neraas and Spruell，2001）；1957 年在钱塘江上游兰溪江段鲥的年捕捞量为 2000kg，其后由于大坝的阻隔，这些江段的鲥已经绝迹（周汉书，1990）。20 世纪 80 年代早期以来，英国斯陶尔河（Stour River）欧洲鳗鲡资源补充量减少了 90%，河流障碍物建设对其降河洄游的影响是主要原因之一（Piper et al.，2013）；岷江上游大量引水式水电站使相当长的河段在枯水季完全脱流，导致珍稀鱼类——虎嘉鱼在该江段已难见踪迹（陈进 等，2006）。对河流洄游或河湖洄游鱼类来说，除阻隔效应外，坝下水流过程、水温过程的变化也会对一些重要鱼类的自然繁殖产生不利影响。

1.2.4 对种群遗传多样性的影响

大坝建设和运行对鱼类天然种群的影响，会通过其自然繁殖行为在不同世代的遗传背景值表现出来。生境破碎化使鱼类种群被分隔成相对孤立的、较小的异质种群，异质种群间基因交流存在障碍，会导致遗传分化进而使种群遗传多样性的维持能力降低，最终影响种质甚至物种生存（常剑波 等，2008）。Leclerc 等（2008）对加拿大圣劳伦斯河（Saint Lawrence River）310 km 河段黄金鲈（*Perca flavescens*）进行景观遗传学分析表明，种群遗传差异和产卵场片段化程度呈正相关关系，该河段黄金鲈已经特化为 4 个独立生物单元。Morita 等（2009）发现大坝阻隔和生境破碎使日本白斑红点鲑（*Salvelinus leucomaenis*）遗传多样性和种群生存力减小，其程度与隔离种群大小呈负相关关系。吴旭等（2010）发现长江流域鳜的遗传多样性为长江>通江湖泊>无放流陆封型湖泊>有放流的陆封型湖泊群体，通江湖泊和陆封型湖泊群体的遗传分化较大。Drauch 等（2012）利用微卫星分子标记研究美国库特内河（Kootenay River）高首鲟（*Acipenser transmontanus*）的遗传多样性，研究表明阻隔导致库特内河的高首鲟种群遗传多样性丧失，以及种群数量的减少。

1.3 国内外水电工程生态调度研究进展

1.3.1 河流生态需水研究

筑坝、引水等水资源开发利用行为导致河流丧失了天然的水文情势，是产生诸多河流生态问题的主要因素。20 世纪 70 年代，Schlueter（1971）率先提出了修建水利工程在满足人类对河流基本需求的同时应注重和维持河流的生态多样性。为了协调水资源开发利用与河流生态保护之间的矛盾，国外提出了"环境流量"（environmental flow）的概念，世界自然保护联盟（International Union for Conservation of Nature，IUCN）将其定义为存在竞争性水资源利用方式的条件下，水流得到调控的河流、湿地和沿海区域所提供的维持生态系统和生态系统效益的一定流量的水流（付超，2006）。类似于环境流量，国内提出"生态流量"（ecological flow）的概念，董哲仁等（2020）给出其定义：为了部分恢复自然水文情势的特征，以维持河湖生态系统某种程度的健康状态并能为人类提供赖以生存的水生态服务所需要的流量及其过程。上述两个概念的区别在于：生态流量集中关注水文情势变化对生态系统特别是对于生物的影响，更加突显水文情势的生态学意义；而环境流量涉及的因素更为宽泛，除了河湖生态系统以外，还涉及社会经济用水、景观美学价值、文化特征等多种因素。欧盟国家多采用生态流量概念，而美国、澳大利亚等国较多采用环境流量概念。

至今国外对环境流量的研究已提出了 200 多种计算方法，大致可分为四类：水文学法、水力学法、栖息地模拟法、整体分析法，并形成了系统性研究成果，环境流量研究已从保护单一物种或单项生态目标向维护生态完整性方向前进，从"维持河道内群落基本生存"的单一目标转变为流域"社会–生态耦合系统"的可持续发展（刘悦忆 等，2016；桑连海 等，2006）。水文变化的生态限度（ecological limits of hydrologic alteration，ELOHA）框架是大自然保护协会（The Nature Conservancy，TNC）于 2010 年组织 19 位河流科学家完成的一份框架报告，该框架提供了一种通过建立水文情势变化与生态响应定量关系构建环境流标准的方法（Arthington，2012）。环境流标准是指基于生态保护目标，允许水文情势改变的程度或范围。借助已经建立的特定河流水文–生态定量关系，可以说明水文情势改变所带来的生态系统衰退风险。实际上，制定环境流标准过程就是生态风险评估过程。根据维持水资源开发与水生态保护相平衡的原则，确定可接受的生态风险程度，明确生态目标。利用生态–水文关系曲线，由生态目标求出相应的水文情势改变的程度或范围，确定环境流标准（董哲仁 等，2017）。

国内 20 世纪 80 年代开始逐步开展生态需水研究。进入 21 世纪，研究对象包括了湿地、湖泊、河口和河流等不同类型的生态系统。许多学者通过积极消化国外的研究成果，加以修正和应用，提出了一些适合我国国情的计算方法，如水生生物量法、生物空间最小需求法、生态水力半径法、水质水量结合法等（谢悦 等，2017；欧阳丽 等，2014；李若男 等，2009；赵长森 等，2008；陈敏建 等，2007）。另外，由于国内相关生态基础资料薄弱，栖息地模拟法和整体分析法还无法获得广泛应用，目前针对鱼类和典型工程影响区域开展了零星研究。因此，加强对重要水生物种和栖息地的生态需水研究，将是未来我国开展大坝下游生态流量评估过程中需要解决的关键课题。

1.3.2　生态调度技术研究

水利工程的生态调度是一种兼顾生态的综合调度模式，其以生态目标、经济目标和社会目标之间达成妥协或优化为目的，成为当前流域管理中的重要手段。在国外多称之为水库调度方式的调整，即再调度（re-operation）（Konrad et al.，2012）。国外对生态调度相关技术进行了大量的研究。主要包括：水文情势改变的生态影响；水库生态调度概念模型；水库生态调度管理模式等方面（唐晓燕 等，2013）。其中，研究水文情势改变的生态影响，即筑坝河流的生态效应是研究生态调度关键技术的基础。

国内针对如何优化改进三峡工程的调控模式，以适应坝下鱼类等水生生物栖息环境需求，开展了大量基础研究工作。尤其在国家自然科学基金重大项目"大型水利工程对长江流域重要生物资源的长期生态效应"项目的支持和推动下，实现了多学科交叉配合、联合攻关的实质性研究成果,为其后针对四大家鱼自然繁殖的生态调度的实践奠定了重要基础。国外相关研究成果更为丰富,但有不少学者提出了一些亟待解决的问题。Souchon 等(2008)指出,目前世界上大多数河流修复评估都缺乏适当的监测手段来改进普遍认知和专家意见,而专门针对河道下泄流量的水管理决策,有赖于不同的方法和假设,以及采用常规或非常规调度等方法,进而监测不同的生物响应过程来指导决策;Christopher 等(2011)回顾了全球 40 个河流系统实施大范围的流量控制试验的案例,指出建模和监测手段应整合到试验中以分析长期的生态响应。这些观点指明了未来生态调度研究实践需要努力的方向。只有深入认知水文过程影响生态过程的作用机制,使水资源管理者明确了解不同水文情势背景下的生态响应,才能帮助权衡利弊,做出更合理的决策。

国外水库生态调度已从研究阶段全面步入实践和应用层次。许多国家已相继提出并形成了考虑生态需求的水库综合调度规程,并将生态调度纳入水资源管理体制中。在已进行的生态调度实践中,美国开展的生态调度试验研究不仅在数量上远超过其他国家,而且在类型上涵盖了不同生态目标和不同水库规模(Warner et al.,2014)。20 世纪 90 年代以来,科罗拉多河(Colorado River)上开展了多次河流生态流量试验,包括洪水试验、夏季稳定低流量试验以及栖息地营造试验(Lovich and Melis,2007);1991~1996 年,美国田纳西河流域管理局(Tennessee Valley Authority)对其管理的 20 个水库的调度方式进行了优化,通过适当的日调节、涡轮机脉动运行、增加小型机组、下泄水复氧等工程与非工程措施,提高水库下泄水流的溶解氧浓度和保障必要的生态用水量(Higgins and Brock,1999)。2004 年,田纳西河流域管理局董事会批准了一项新的河流和水库调度政策,从单个水库的水位升降调节发展到以流域所有水库的联合调度来管理整个河流系统的生态需水量。萨凡纳河(Savannah River)以修复河道洪泛区和河口栖息地为生态调度目标,进行了多次环境水流试验,通过在春季下泄高流量脉冲水流,从而改善河流的水质和鱼类生存状况等(Richter et al.,2006)。

进入 21 世纪,欧洲已经形成以欧盟水框架指令(EU water framework directive)为中心的流域一体化管理体系。澳大利亚的生态流量管理率先在全流域尺度内实现了生态修复,其中包括在墨累-达令流域实施了一系列针对本土鱼类保护的环境流量管理措施:Water Management Act 2000、Environmental Water Allocations 2005、Environmental Contingency Allowance Annual Release Program 2007~2008、Integrated Monitoring of Environmental Flows 2005~2009 等项目,旨在通过改变大坝下泄流量试验、监测鱼类繁殖和早期资源响应状况来评估环境流量的有效性(Koehn et al.,2019;King et al.,2010)。

1.4 三峡工程生态调度研究与实践

2000 年以后进入一个快速发展的时期(图 1.3)。2005 年 12 月 1 日,在北京召开了通过改进水库调度以修复河流下游生态系统研讨会,在这次会议国内首次提出水库生态调度的概念并且对相关研究进行了展望。此后,国内兼顾生态保护的水库调度的理论及实践研究日渐增多,经过 20 年的发展,生态调度逐渐成为减缓水工程调度运行对生态环境不利影响的主要措施，而如何通过调度促进水生生物保护是生态调度研究的主要内容之一。针对长江中下游水生生物的三峡水库生态调度在三峡工程论证期间就受到了关注，并在《长江三峡水利枢纽工程环境影响报告书》中提出了实施"人造洪峰"的生态调度措施，以减缓水库调度运行对四大家鱼的不利影响。此后，国内许多学者对各项水文指标与四大家鱼的繁殖活动的关系进行分析，进而提出了影响四大家鱼繁殖的关键水文参数和适宜范围，为三峡水库实施生态调度提供参考依据（Li et al.，2013；郭文献 等，2009；李翀 等，2006；Zhang et al.，2000）。

图 1.3　过去 30 年间国内生态调度研究关注度分析

在前期大量监测研究成果基础上，长江防汛抗旱总指挥部自 2011 年开始组织实施针对长江中游四大家鱼自然繁殖的三峡水库生态调度试验，截至 2020 年共实施 14 次。生态调度试验效果监测表明，坝下鱼类集群、四大家鱼等鱼类自然繁殖对生态调度有积极的响应，生态调度促进了长江中游四大家鱼种群资源的恢复（陈诚 等，2020；徐薇 等，2020；周雪 等，2019；Tao et al.，2017；徐薇 等，2014）。中华鲟作为我国一级重点保护野生动物和长江水生动物保护的旗舰物种，其自然繁殖的生态调度研究受到广泛关注，许多学者分别通过构建葛洲坝坝下产卵场栖息地模型、产卵活动统计分析等方法，探索维护中华鲟产卵场适宜性的流量以及产卵活动发生所需的水温、流速、水深等需求，但由于采用方法及对中华鲟生境偏好认识的不同等原因，相关研究结果并不一致（Wang et al.，2017；Zhou et al.，2014；Yi et al.，2010；Yang et al.，2007）。水温过程被认为是影响中华鲟自然繁殖的关键参数，但由于三峡工程缺乏分层取水设施，难以通过三峡水库调度改善下泄水温。因此，尽管中华鲟保护形势非常严峻，针对中华鲟自然繁殖的生态调度工作在可行性方面尚存在问题，难以实施。

鉴于已有研究主要集中于四大家鱼和中华鲟自然繁殖，因而在长江中下游水生生物保护的生态调度策略方面，也相应地仅将中华鲟、四大家鱼自然繁殖作为生态目标，研究三峡水库生态调度模式（Yu et al.，2017；Guo et al.，2011；王俊娜，2011）；考虑防洪、发电、鱼类产卵的综合效益，Ma 等（2020）提出不同水情下三峡水库早汛限制水位优化调度方案。总体来说，目前以三峡水库为核心的水库群生态调度的目标对象较单一，缺乏针对长江不同产卵类型为代表的多目标鱼类物种关键生活史完成的生态调度策略研究与实践。

第2章

三峡库区典型支流产黏沉性卵鱼类资源

长江流域分布各种鱼类四百余种，其中约 80%为产黏性或普通沉性鱼卵的鱼类，以鲤、鲫、鲇、胭脂鱼、黄颡鱼、长吻鮠为代表物种，这些物种不仅是长江上游和三峡库区的重要经济鱼类和优势类群，也是淡水生态系统的重要组成部分。三峡水库绵延六百多千米，其支流水-陆生态交错带内分布有大面积的草本植物，可以为黏草产卵的鱼类如鲤、鲫和鲇等提供广泛的附着基质，而支流以及干流回水末端的砂砾浅滩可为在砾石上产卵的鱼类提供合适的产卵场。三峡库区许多鱼类的繁殖期集中在每年的 3～5 月，然而三峡水库在这个时期处于消落期，由此出现的库水位持续消落或波动可能对库区部分黏性或普通沉性鱼卵的附着基质造成一定影响。本章通过对三峡库区典型支流产黏沉性卵鱼类资源及自然繁殖情况进行监测，掌握三峡库区不同支流产黏沉性卵鱼类的自然繁殖现状及其变化规律，为后续掌握鱼类繁殖与库区水文变化关系，提出合理的生态调度措施提供基础资料。

2.1　三峡库区典型支流产黏沉性卵鱼类资源现状

2019～2020 年，选择三峡库区 6 条典型的较大支流（龙溪河、乌江、小江、磨刀溪、大宁河和香溪河）的回水区域江段进行了产黏沉性卵鱼类资源、鱼类自然繁殖现状调查。其中，渔获物调查时段为 3～7 月和 9～12 月，自然繁殖及产卵场调查时间为 3 月下旬～6 月中旬，原则上在产卵高峰期进行逐日调查，如回水变动期较长时，则每隔 3～5 d 调查一次。支流区域的调查位置，如图 2.1 所示。调查方法主要参考《水库渔业资源调查规范》（SL167—2014）。

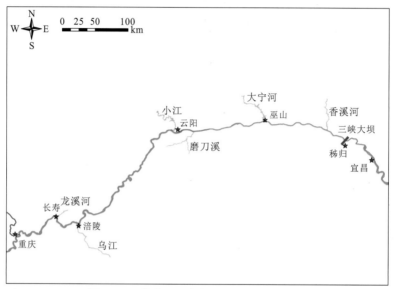

图 2.1　三峡库区 6 条典型支流位置示意图

2.1.1　种类组成与分布

2019～2020 年共调查渔获物 32 525 尾，3 126 715.5 g（约 3 126.7 kg），包括 7 目 17 科 63 属 96 种。各支流采集到的鱼类种类数从上游到下游分别为龙溪河 24 种、乌江 41 种、小江 31 种、磨刀溪 25 种、大宁河 27 种以及香溪河 23 种。6 条支流的种类组成均以鲤科、鳅科为主，分别占到总采集种类数的 75%、80.49%、64.52%、64%、77.78%、69.57%。产黏沉性卵鱼类共有 59 种，占总采集种类数的 61.46%，其中包括：保护鱼类 1 种，胭脂鱼；长江上游特有鱼类 4 种，张氏䱗、厚颌鲂、宽口光唇鱼和岩原鲤；外来物种 8 种，麦瑞加拉鲮、大鳞鲃、散鳞镜鲤、斑点叉尾鮰、云斑鮰、罗非鱼、大口黑鲈和杂交鲟。

2.1.2　产卵生态类型

库区 6 条典型支流调查到的 96 种鱼类中，产黏沉性卵鱼类 59 种，占总种类数的 61.46%；

产漂流性卵鱼类 33 种,占 34.38%;产浮性卵鱼类、其他产卵类型鱼类均为 2 种,各占 2.08%(图 2.2)。产黏沉性卵鱼类的繁殖类型可以细分为产黏性卵、产沉性卵、蚌壳内产卵和筑巢产卵这几种类型。

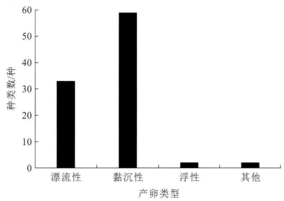

图 2.2　2019～2020 年库区 6 条典型支流调查到的鱼类产卵类型分类

（1）黏性卵是指受精卵黏附于植物体等基质上固着发育,黏性卵的黏附形式大致有以下 3 种:①受精卵外卵膜具黏性,且黏性很强,如鲤、鲫、麦穗鱼、红鳍原鲌等受精卵黏附于植物体、砂石、蚌壳甚至定置网具上,有时重叠黏附;②受精卵外膜破裂翻转形成黏束,受精卵吸水膨胀,外层卵膜破裂翻转形成以受精孔为蒂的降落伞状的黏束,黏附于砂石等基质上发育;③长圆形受精卵一端有一簇黏着丝,附于基质上发育,塘鳢鱼科和虾虎鱼科属此类型。产黏性卵的淡水鱼类多在春季产卵,鱼卵非同步性发育,分批产出。有的同步发育一次性产卵,但不同群体（不同年龄或不同体长）的产卵期不同,产卵期可延续 1～2 个月。雨后天晴,水位上涨是其产卵的刺激因素。多在近岸浅水处产卵,这里水压小,便于腹部鱼卵的外排。一般发育期较长,5～7 d 才可孵出仔稚鱼。江河湖库水位不断变化,附着发育的胚体尚未孵出仔稚鱼,干死的情况时有发生。分批产出的鱼卵不会都遇到水位下降而干死,可以理解分批产卵是这类鱼类种群繁衍的一种生态适应。该类型包括鲤、鲫、达氏鲌等黏草产卵鱼类。

（2）沉性卵是指受精卵沉于水底部发育,可分为卵膜光滑的沉性卵和卵膜有丝状体的沉性卵。裂腹鱼亚科鱼类产典型的沉性卵,卵初具微黏性,之后被水流冲入砾石缝隙中发育。沉性卵在水底发育,一般孵化期较长,产沉性卵鱼类往往会选择有一定水流、水质澄清的砂石底质处产卵,砂石覆盖卵坑或砾石缝隙中孵化以及亲体护育,这些都是有效保护胚胎发育的适应性。淡水产卵的银鱼科鱼类,产卵场在江河湖泊浅湾多水草处或砂石地质处,卵膜具丝状体,由卵膜孔边缘辐射出来,向卵膜孔相对极分散,互相结合,排成网络状。受精后卵膜孔相对一端断裂翻转形成束,缠附于植物体或砂石上发育,如卵沉于水底发育丝状束可缓冲风浪的搅动。

（3）蚌壳内产卵是指产卵于蚌鳃腔内,发育孵出仔稚鱼鳔充气才游出,鲤科鱊亚科鱼类属此类型,产卵时通过产卵管把卵产于蚌鳃腔内,受精卵以动物极一端的小刺或卵膜丝附于蚌鳃上发育。

（4）筑巢产卵鱼类,如黄颡鱼、瓦氏黄颡鱼等,亲鱼用鳍筑成沙巢,受精卵在巢内发育。乌鳢、黄鳝、圆尾斗鱼等产卵时吐泡沫筑成浮式产卵巢，受精卵浮于巢内发育。筑巢产卵鱼类通常在多水草浅水处产卵，黄鳝在穴居的洞口附近产卵，其水中含氧量较低，胚胎在浮巢中发育和扇鳍向巢内注水等都可以是改善呼吸条件，有利于胚胎发育。

2.1.3　渔获物结构

1. 龙溪河

2019～2020 年在龙溪河回水区江段共统计渔获物 2 035 尾、317 372 g（317.372 kg）。经鉴定，共采集到产黏沉性卵鱼类 24 种，其中优势种类（IRI>1%）有鲤、光泽黄颡鱼、瓦氏黄颡鱼、鲂、鲫、鲇等 6 种。产黏沉性卵优势种中，光泽黄颡鱼的尾数百分比最高，为 14.55%，其次是瓦氏黄颡鱼，为 4.23%；鲤的重量百分比最高，为 9.10%，其次为瓦氏黄颡鱼，为 4.07%（表 2.1）。

表 2.1　2019～2020 年龙溪河产黏沉性卵优势种及其在渔获物中所占的比例

鱼名	尾数	尾数占比/%	重量/g	重量占比/%	出现率/%	IRI/%
光泽黄颡鱼	296	14.55	6 038.1	1.90	75	10.19
鲤	36	1.77	28 881.8	9.10	87.5	7.86
瓦氏黄颡鱼	86	4.23	12 932.4	4.07	81.25	5.57
鲫	66	3.24	11 050.6	3.48	81.25	4.51
鲂	25	1.23	8 709.7	2.74	56.25	1.85
鲇	35	1.72	2 279.1	0.72	56.25	1.13
其他鱼类	1 491	73.27	247 480.3	77.98	—	68.89
总计	2 035	100.00	317 372	100.00		100.00

注：相对重要性指数（index of relative importance，IRI）；表中数值存在修约，尾数占比、重量占比和 IRI 之和不为 100%。

2. 乌江

2019～2020 年在乌江回水区江段共统计渔获物 5 077 尾、260 386.4 g（约 260.39 kg）。经鉴定，共采集到产黏沉性卵鱼类 41 种，其中优势种类（IRI>1%）有光泽黄颡鱼、瓦氏黄颡鱼、鲤、鲫、大鳍鳠、鲇、子陵吻鰕虎鱼和粗唇鮠 8 种。产黏沉性卵优势种类中，光泽黄颡鱼的尾数百分比最高，为 12.19%，其次是瓦氏黄颡鱼，为 5.85%；瓦氏黄颡鱼的重量百分比最高，为 7.23%，其次为鲫，为 5.86%（表 2.2）。

表 2.2　2019～2020 年乌江产黏沉性卵优势种及其在渔获物中所占的比例

鱼名	尾数	尾数占比/%	重量/g	重量占比/%	出现率/%	IRI/%
光泽黄颡鱼	619	12.19	12 139.5	4.66	50.00	11.90
瓦氏黄颡鱼	297	5.85	18 835.4	7.23	50.00	9.24

鱼名	尾数	尾数占比/%	重量/g	重量占比/%	出现率/%	IRI%
鲫	79	1.56	15 269.3	5.86	53.57	5.62
鲤	31	0.61	13 389.3	5.14	39.29	3.19
大鳍鳠	119	2.34	7 848.6	3.01	35.71	2.70
鲇	69	1.36	5 919.1	2.27	50.00	2.57
子陵吻鰕虎鱼	200	3.94	502.9	0.19	32.14	1.88
粗唇鮠	80	1.58	4 183.8	1.61	39.29	1.77
其他鱼类	3 583	70.57	182 298.5	70.01		61.13
总计	5 077	100	260 386.4	100		100

注：表中数值存在修约，尾数占比、重量占比和 IRI 之和不为 100%。

3. 小江

2019～2020 年在小江回水区江段共统计渔获物 13 681 尾、1 187 486.5 g（1 187.4865 kg）。经鉴定，共采集到产黏沉性卵鱼类 31 种，其中优势种类（IRI>1%）有鲤、光泽黄颡鱼、鲫等 6 种。光泽黄颡鱼的尾数百分比最高，为 11.55%，其次是鲫，为 4.70%；鲤的重量百分比最高，为 10.65%，其次为鲫，为 4.67%（表 2.3）。

表 2.3　2019～2020 年小江产黏沉性卵优势种及其在渔获物中所占的比例

鱼名	尾数	尾数占比/%	重量/g	重量占比/%	出现率/%	IRI/%
鲤	256	1.87	126 465.8	10.65	85.71	7.78
光泽黄颡鱼	1580	11.55	27 374.4	2.31	71.43	7.17
鲫	643	4.70	55 501.7	4.67	80.95	5.50
瓦氏黄颡鱼	555	4.06	23 743.9	2.00	76.19	3.35
达氏鲌	338	2.47	29 682.2	2.50	73.81	2.66
张氏䱗	435	3.18	9 721.5	0.82	42.86	1.24
其他鱼类	9 874	72.17	914 997.0	77.05		72.30
总计	13 681	100	1 187 486.5	100		100.00

4. 磨刀溪

2019～2020 年在磨刀溪回水区江段共统计渔获物 2 549 尾、共 222 922.9 g（约 222.92 kg）。经鉴定，共采集到产黏沉性卵鱼类 25 种，其中优势种类（IRI>1%）有光泽黄颡鱼、瓦氏黄颡鱼、鲤等 5 种。在产黏沉性卵优势种类中，光泽黄颡鱼的尾数百分比最高，为 64.54%，其次是瓦氏黄颡鱼，为 2.98%；光泽黄颡鱼的重量百分比最高，为 8.71%，其次为鲤，为 5.65%（表 2.4）。

表 2.4　2019～2020 年磨刀溪产黏沉性卵优势种及其在渔获物中所占的比例

鱼名	尾数	尾数占比/%	重量/g	重量占比/%	出现率/%	IRI/%
光泽黄颡鱼	1 645	64.54	19 409.6	8.71	80.00	53.12
瓦氏黄颡鱼	76	2.98	12 122.5	5.44	80.00	6.11
鲤	20	0.78	12 588.1	5.65	40.00	2.33
达氏鲌	46	1.80	3 283.8	1.47	50.00	1.49
长吻鮠	29	1.14	4 994.8	2.24	40.00	1.23
其他鱼类	733	28.76	170 524.1	76.49	—	35.72
总计	2 549	100	222 922.9	100		100.00

5. 大宁河

2019～2020 年在大宁河回水区江段共统计渔获物 5 633 尾、共 442 491.4 g（约 442.49 kg）。经鉴定，共采集到产黏沉性卵鱼类 27 种，其中优势种类（IRI>1%）有光泽黄颡鱼、达氏鲌、鲤等 4 种。光泽黄颡鱼的尾数百分比最高，为 21.13%，其次是达氏鲌，为 6.48%；鲤的重量百分比最高，为 13.37%，其次为达氏鲌，为 10.03%（表 2.5）。

表 2.5　2019～2020 年大宁河产黏沉性卵优势种及其在渔获物中所占的比例

鱼名	尾数	尾数占比/%	重量/g	重量占比/%	出现率/%	IRI/%
达氏鲌	365	6.48	44 385.1	10.03	87.10	11.67
光泽黄颡鱼	1 190	21.13	13 571.2	3.07	41.94	8.23
鲤	60	1.07	59 162.8	13.37	58.06	6.80
瓦氏黄颡鱼	119	2.11	22 167.8	5.01	58.06	3.36
其他鱼类	3 899	69.22	303 204.5	68.52	—	69.96
总计	5 633	100	442 491.4	100		100

注：表中数值存在修约，尾数占比、重量占比和 IRI 之和不为 100%。

6. 香溪河

2019～2020 年在香溪河回水区江段共统计渔获物 3 550 尾、共 696 056.8 g（约 696.06 kg）。经鉴定，共采集到产黏沉性卵鱼类 23 种，其中优势种类（IRI>1%）有光泽黄颡鱼、瓦氏黄颡鱼、达氏鲌、鲤等 5 种。光泽黄颡鱼的尾数百分比最高，为 19.97%，其次是达氏鲌，为 7.66%；达氏鲌的重量百分比最高，为 7.82%，其次为鲤，为 2.64%（表 2.6）。

表 2.6　2019～2020 年香溪河产黏沉性卵优势种及其在渔获物中所占的比例

鱼名	尾数	尾数占比/%	重量/g	重量占比/%	出现率/%	IRI/%
达氏鲌	272	7.66	54 433.0	7.82	66.67	13.03
光泽黄颡鱼	709	19.97	9 922.5	1.43	23.08	6.23

续表

鱼名	尾数	尾数占比/%	重量/g	重量占比/%	出现率/%	IRI/%
瓦氏黄颡鱼	189	5.32	13 782.6	1.98	35.90	3.31
鲇	159	4.48	13 273.0	1.91	15.38	1.24
鲤	26	0.73	18 367.7	2.64	28.21	1.20
其他鱼类	2 195	61.83	586 278.0	84.23	—	74.99
总计	3 550	100	696 056.8	100	—	100.00

注：表中数值存在修约，尾数占比、重量占比和 IRI 之和不为 100%。

2.1.4　优势种

三峡库区 6 条典型支流的回水江段共分布有产黏沉性卵的优势种鱼类 12 种，所有江段的优势种鱼类多为适应库区生境或广适性的种类，如达氏鲌、鲤、鲫、长吻鮠、鲇、瓦氏黄颡鱼等（表 2.7）。部分适应流水生境江段的鱼类，如粗唇鮠等也在乌江的回水变动区具有较多的数量。这些优势种类主要在水草及砾石浅滩上产卵，其水流偏好多为静缓流水体。

表 2.7　2019～2020 年三峡库区 6 条典型支流的产黏沉性卵优势种类（IRI>1%）

种类	龙溪河	乌江	小江	磨刀溪	大宁河	香溪河
粗唇鮠	—	1.77	—	—	—	—
达氏鲌	—	—	2.66	1.49	11.67	13.03
大鳍鱯	—	2.70	—	—	—	—
鲂	1.85	—	—	—	—	—
光泽黄颡鱼	10.19	11.90	7.17	53.12	8.23	6.23
鲫	4.51	5.62	5.50	—	—	—
鲤	7.86	3.19	7.78	2.33	6.80	1.20
鲇	1.13	2.57	—	—	—	1.24
瓦氏黄颡鱼	5.57	9.24	3.35	6.11	3.36	3.31
张氏䱗	—	—	1.24	—	—	—
长吻鮠	—	—	—	1.23	—	—
子陵吻鰕虎鱼	—	1.88	—	—	—	—

12 种产黏沉性卵优势种的全长、体长和体重分布特征，如表 2.8 所示。结果显示：长吻鮠的平均全长和平均体长最长，而鲤的平均体重最重；鲤的全长、体长及体重分布范围最宽，而子陵吻鰕虎鱼的全长、体长及体重分布范围最窄（表 2.8）。

表 2.8　产黏沉性卵优势种的全长、体长和体重分布特征

种类	平均全长/mm	全长/mm	平均体长/mm	体长/mm	平均体重/g	体重/g	观测尾数
粗唇𬶨	166	52~267	144	45~232	52.1	2.3~145.8	77
达氏鲌	234	70~437	197	56~392	133.1	1.7~886.6	1 009
大鳍鳠	200	85~365	177	72~325	65.7	4.4~274.2	133
鲂	262	145~463	223	117~401	268.9	30.5~1 333.2	57
光泽黄颡鱼	132	47~214	112	41~190	17.0	0.7~98.9	4 664
鲫	159	46~353	130	35~300	83.4	1.2~649.7	1 346
鲤	268	50~699	224	25~598	410.6	1.0~5 455.8	754
鲇	228	50~614	210	40~564	102.0	1.2~1 703.6	549
瓦氏黄颡鱼	190	45~468	163	40~393	74.6	1.1~755.7	1 552
张氏𮫨	146	97~242	122	60~205	22.5	1.6~147.8	440
长吻𬶨	294	127~624	248	98~553	289.3	15.7~2 185.0	52
子陵吻鰕虎鱼	62	40~89	51	36~73	2.4	0.8~9.0	103

2.1.5　群落结构

　　基于产黏沉性卵鱼类的相对丰度数据，采用层次聚类分析方法来确定三峡库区 6 条典型支流产黏沉性卵鱼类群落结构的潜在空间分组。结果显示：在 56.99%的 Bray-Curtis 相似性（Bray-Curtis dissimilarity）水平上可将三峡库区 6 条典型支流的产黏沉性卵鱼类的群落结构分为两组：组 1 包括香溪河、大宁河、磨刀溪和小江的产黏沉性卵鱼类的群落结构，组 2 包括乌江、龙溪河 2 条支流的产黏沉性卵鱼类的群落结构（图 2.3）。方差分析模型 One-way ANOSIM 的检验显示组 1 和组 2 的鱼类群落结构在统计学上无显著性的差异（全局 $R = 0.857$，$p = 0.067$，迭代次数 15 次，其中 $R > 0$ 说明组间差异大于组内差异，$R < 0$ 组间差异小于组内差异；p 值则说明不同组间差异是否显著）（图 2.3）。

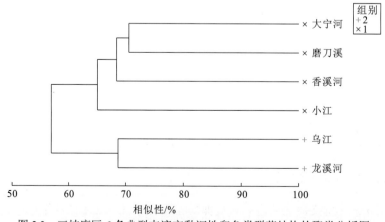

图 2.3　三峡库区 6 条典型支流产黏沉性卵鱼类群落结构的聚类分析图

2.2　三峡库区典型支流产黏沉性卵鱼类繁殖生物学

渔获物采样期间，每日随机选择一定数量的个体进行解剖，并观察解剖个体的性腺发育时期。选取个体规格较大、腹部柔软的鱼类进行繁殖生物学采样，现场测量样本的全长、体长（精确到 1 mm）和体重（精确到 0.1 g），解剖测量其空壳重和性腺重（精确到 0.1 g），并判别其性别和性腺发育期。性腺发育期处于 IV 期及以上的个体被认为是性成熟的个体。卵巢取样时，需根据卵巢的大小进行采样：当卵巢比较大时，在 IV 期卵巢的前、中、后段分别取 2～3 g 卵巢；当卵巢较小时，对整个卵巢进行采样。卵巢标本采集后，放入 7%～8%的甲醛溶液中进行固定，然后带回实验室进行卵粒计数。同时，选取 1～2 尾雌鱼的 IV 期卵巢，随机选取一定数量的卵粒，用 0.6%的生理盐水浸泡 10 h 后带回实验室测定其卵粒直径。通过个体解剖，复核或验证鱼类产卵场调查结果。

2.2.1　繁殖群体结构

1. 性成熟个体指标

主要产黏沉性卵鱼类雌、雄最小性成熟个体的全长、年龄以及 50%个体达到初次性成熟的全长、年龄如表 2.9 所示。结果表明：长吻鮠初次性成熟的年龄最大，为 5 龄。而其他鱼类的初次性成熟年龄通常在 1～2 龄，表明三峡库区产黏沉性卵优势种类中的绝大多数种类产卵繁殖年龄均偏小。

表 2.9　主要产黏沉性卵鱼类雌、雄最小性成熟个体的全长、年龄以及 50%个体达到初次性成熟的全长、年龄

种类	雌性				雄性			
	全长/mm	年龄/龄	50%全长/mm	50%年龄/龄	全长/mm	年龄/龄	50%全长/mm	50%年龄/龄
鲤	283	2	271	1.58	218	1	220	0.7
鲫	112	1	145	1.63	100	1	121	0.88
光泽黄颡鱼	87	2	91	1.81	87	2	87	1.8
瓦氏黄颡鱼	111	2	139	1.79	131	2	186	1.82
达氏鲌	184	2	237	1.94	135	2	204	1.91
黄颡鱼	107	1	132	1.45	90	1	147	1.52
鲇	206	1	—	—	194	1	—	—
长吻鮠	530	5	—	—	515	4	—	—

2. 全长、体重和年龄结构

三峡库区 6 条典型支流主要产黏沉性卵鱼类的雌雄性成熟个体的平均全长、平均体重

和平均年龄差异如表 2.10 所示。独立样本的 t 检验显示：鲤、瓦氏黄颡鱼、达氏鲌和黄颡鱼的平均全长、平均体重和平均年龄在雌雄性成熟个体之间差异显著（p 均小于 0.05），其中鲤、达氏鲌、黄颡鱼在雌性个体中的平均全长、平均体重和平均年龄大于其在雄性个体中的平均全长、平均体重和平均年龄，瓦氏黄颡鱼则显示与上述 3 种鱼类相反的规律；其他鱼类除光泽黄颡鱼外，个体平均全长、平均体重和平均年龄在雌雄性成熟个体之间均无显著性的差异（p 均大于 0.05）；光泽黄颡鱼雄性性成熟个体的平均全长显著大于其在雌性个体中的平均全长（$p = 0.037 < 0.05$），而它的平均体重和平均年龄在雌雄性成熟个体间无显著性的差异（$p = 0.664$ 和 $p = 0.225$）。

表 2.10 三峡库区 6 条支流主要产黏沉性卵鱼类的平均全长、平均体重和平均年龄在雌雄性成熟个体间的差异（独立样本的 t 检验）

种类	性别	样本数	生物学特征			p 值		
			平均全长/mm	平均体重/g	平均年龄/龄	平均全长/mm	平均体重/g	平均年龄/龄
鲤	雌	26	417	1 565.9	2.85	**<0.001**	**0.017**	**<0.001**
	雄	53	334	626.3	2.11			
鲫	雌	118	212	164.9	1.81	0.745	0.601	0.524
	雄	39	206	182.6	1.93			
光泽黄颡鱼	雌	312	125	15.2	2.45	**0.037**	0.664	0.225
	雄	289	128	15.4	2.40			
瓦氏黄颡鱼	雌	107	197	86.4	2.07	**<0.001**	**<0.001**	**<0.001**
	雄	64	270	185.9	2.39			
达氏鲌	雌	99	302	231.9	2.63	**<0.001**	**<0.001**	**0.001**
	雄	110	272	168.0	2.36			
黄颡鱼	雌	40	163	54.9	1.85	**0.001**	**0.001**	**0.001**
	雄	29	132	25.8	1.28			
鮎	雌	10	381	478.5	2.9	0.587	0.857	0.206
	雄	5	343	428.8	2.4			
长吻鮠	雌	3	577	2 342.5	5.0	0.508	0.547	0.374
	雄	5	630	1 964.9	4.6			

3. 繁殖群体性比

调查期间，主要产黏沉性卵鱼类性成熟群体的性比结果如图 2.4 所示。图中显示：鲫、光泽黄颡鱼、瓦氏黄颡鱼、黄颡鱼和鮎的雌性性成熟个体数量多于雄性，而鲤、达氏鲌和长吻鮠的雌性性成熟个体数量少于雄性。卡方检验表明，鲤、鲫和瓦氏黄颡鱼的性比在统计学上与 1∶1 的理论值存在显著性的偏离（鲤：$\chi^2 = 9.228$，$p = 0.002$；鲫：$\chi^2 = 81.939$，$p < 0.001$；瓦氏黄颡鱼：$\chi^2 = 10.813$，$p = 0.001$）。

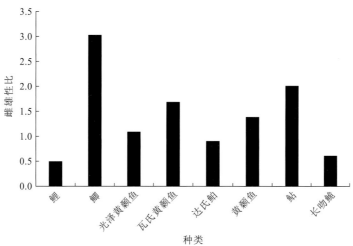

图 2.4　2019～2020 年三峡库区主要优势种鱼类繁殖群体的性比

2.2.2　性成熟系数与卵径

1. 性成熟系数

主要产黏沉性卵鱼类雌性性成熟个体在不同年龄间的平均性成熟系数及其在不同年龄间的差异比较结果如表 2.11 所示。单因素方差分析显示，所有种类雌性性成熟个体的平均性成熟系数在不同年龄间存在显著性的差异（$p < 0.05$）；多重比较显示，不同鱼类种类雌性性成熟个体的平均性成熟系数显著增加的起始年龄存在差异（2～4 龄），表明不同鱼类雌性个体的适宜繁殖年龄存在一定差异。

表 2.11　主要产黏沉性卵鱼类雌性性成熟个体在不同年龄间的平均性成熟系数（%）及其在不同年龄间的差异比较

种类	年龄					p	性成熟系数显著增加的起始年龄/龄
	1 龄	2 龄	3 龄	4 龄	5 龄		
鲤	—	9.02	12.11	25.09	32.78	**<0.001**	4
鲫	8.21	11.80	19.18	24.79	—	**<0.001**	2
光泽黄颡鱼	—	10.58	10.59	22.70	—	**<0.001**	4
瓦氏黄颡鱼	—	8.21	19.18	24.79	—	**0.005**	3
达氏鲌	—	11.93	11.14	16.22	—	**0.045**	4
黄颡鱼	—	13.58	15.81	25.08	—	**0.001**	3

2. 卵径

主要产黏沉性卵鱼类的平均卵径及其分布范围如表 2.12 所示，结果显示：达氏鲌的平均卵径最小，仅为 0.86 mm，而光泽黄颡鱼的平均卵径最大，为 1.55 mm。不同种类卵径的频次分布如图 2.5 所示，结果显示：主要产黏沉性卵鱼类的卵径分布均呈单峰型，表明这些鱼类均为分批产卵鱼类，即这些鱼类的卵巢内卵母细胞发育不同步，成熟卵巢中存在发育程度不同的卵母细胞。

表 2.12　主要产黏沉性卵鱼类的平均卵径及其分布范围

种类	平均卵径/mm	卵径分布范围/mm	观测卵粒数/粒	观测卵巢数/个
鲤	1.06	0.68～1.45	170	1
鲫	1.02	0.68～1.58	280	1
光泽黄颡鱼	1.55	0.94～2.20	1 019	1
瓦氏黄颡鱼	1.53	0.93～2.37	830	1
达氏鲌	0.86	0.52～1.08	240	1
黄颡鱼	1.43	0.90～2.02	195	1

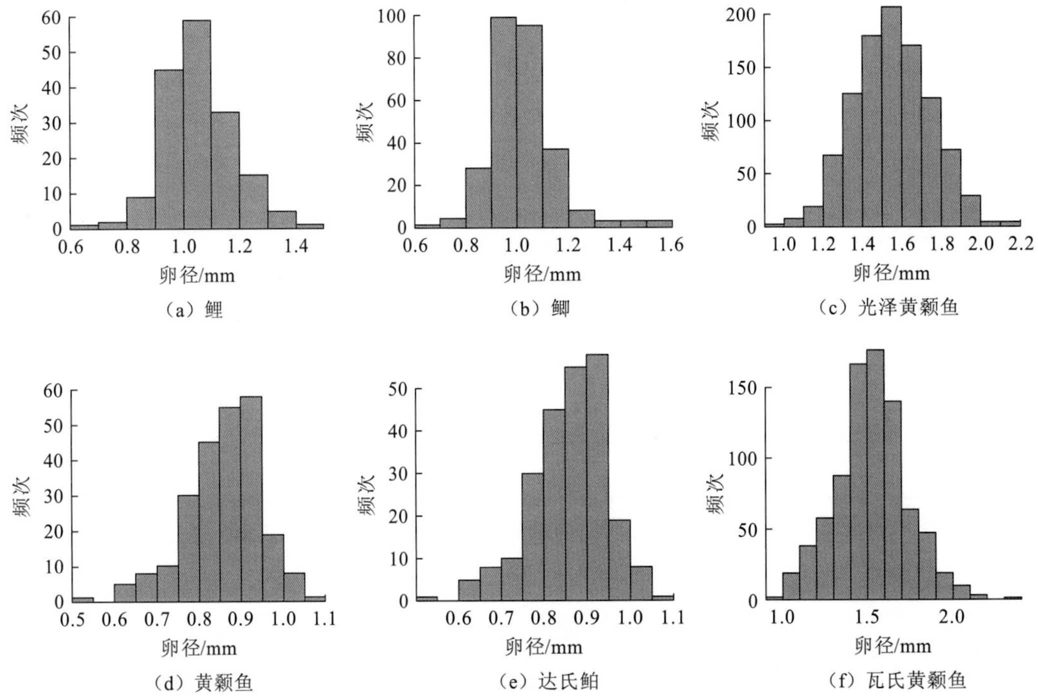

图 2.5　主要产黏沉性卵种类卵径的频次分布特征

2.2.3　个体繁殖力

主要产黏沉性卵鱼类的绝对和相对繁殖力如表 2.13 所示，结果显示：鲤绝对繁殖力的平均值最大，其次为达氏鲌和鲫，而光泽黄颡鱼绝对繁殖力的平均值最小；鲫相对繁殖力的平均值最大，其次为达氏鲌和鲤，而光泽黄颡鱼相对繁殖力的平均值最小。

主要产黏沉性卵种类绝对和相对繁殖力的分布特征详述如下。

表 2.13   主要产黏沉性卵鱼类的绝对和相对繁殖力

种类	绝对繁殖力/（粒/尾）		相对繁殖力/（粒/g）		观测尾数
	平均值	分布范围	平均值	分布范围	
鲤	218 907	42 119～1 058 897	139	80～233	26
鲫	27 132	371～146 105	174	32～459	174
光泽黄颡鱼	1 168	126～6 513	53	9～239	137
瓦氏黄颡鱼	6 858	327～20 020	73	8～349	101
达氏鲌	46 448	6 767～234 389	145	33～542	34
黄颡鱼	5 018	245～14 277	86	27～244	38

1. 鲤

鲤雌鱼的绝对繁殖力变动范围为 42 119～1 058 897 粒/尾，平均值为 218 907 粒/尾；相对繁殖力变动范围为 80～233 粒/g，平均值为 139 粒/g（$n = 26$ 尾）（图 2.6）。各个卵巢中，多数个体的绝对繁殖力为 15 002～30 000 粒/尾，占总抽样样本的 84.62%，相对繁殖力为 80～160 粒/g，占 80.77%。

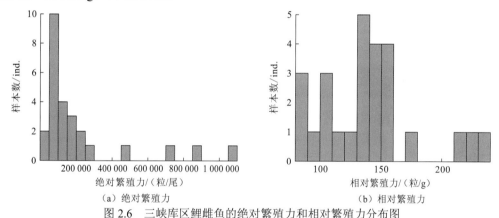

（a）绝对繁殖力   （b）相对繁殖力
图 2.6   三峡库区鲤雌鱼的绝对繁殖力和相对繁殖力分布图

2. 鲫

鲫雌鱼的绝对繁殖力变动范围为 371～146 105 粒/尾，平均值为 27 132 粒/尾；相对繁殖力变动范围为 32～459 粒/g，平均值为 174 粒/g（$n = 174$ 尾）（图 2.7）。各个卵巢中，多数个体的绝对繁殖力为 371～50 000 粒/尾，占总抽样样本的 82.39%，相对繁殖力为 32～350 粒/g，占 95.07%。

3. 光泽黄颡鱼

光泽黄颡鱼雌鱼的绝对繁殖力变动范围为 126～6 513 粒/尾，平均值为 1 168 粒/尾；相对繁殖力变动范围为 9～239 粒/g，平均值为 53 粒/g（$n = 137$ 尾）（图 2.8）。各个卵巢中，多数个体的绝对繁殖力为 500～2 000 粒/尾，占总抽样样本的 75.18%，相对繁殖力为 25～75 粒/g，占 81.75%。

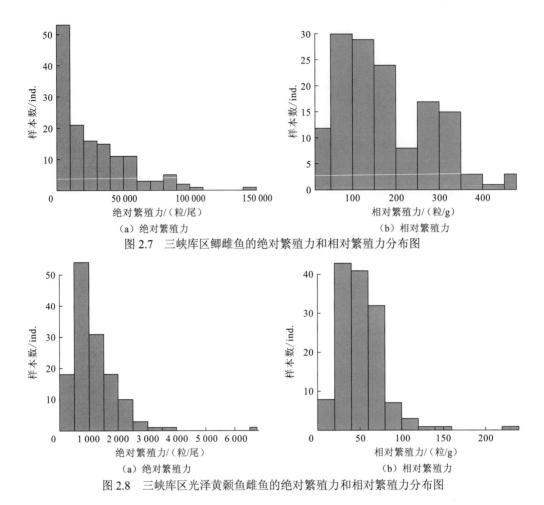

（a）绝对繁殖力　　　　　　　　　　　　　（b）相对繁殖力

图 2.7　三峡库区鲫雌鱼的绝对繁殖力和相对繁殖力分布图

（a）绝对繁殖力　　　　　　　　　　　　　（b）相对繁殖力

图 2.8　三峡库区光泽黄颡鱼雌鱼的绝对繁殖力和相对繁殖力分布图

4. 瓦氏黄颡鱼

瓦氏黄颡鱼雌鱼的绝对繁殖力变动范围为 327~20 020 粒/尾，平均值为 6 858 粒/尾；相对繁殖力变动范围为 8~349 粒/g，平均值为 73 粒/g（$n=101$ 尾）（图 2.9）。各个卵巢中，多数个体的绝对繁殖力为 1 000~3 000 粒/尾，占总抽样样本的 63.37%，相对繁殖力为 50~100 粒/g，占 66.34%。

5. 达氏鲌

达氏鲌雌鱼的绝对繁殖力变动范围为 6 767~234 389 粒/尾，平均值为 46 448 粒/尾；相对繁殖力变动范围为 33~542 粒/g，平均值为 145 粒/g（$n=34$ 尾）（图 2.10）。各个卵巢中，多数个体的绝对繁殖力在 6 767~60 000 粒/尾，占总抽样样本的 79.41%，相对繁殖力为 50~250 粒/g，占 85.29%。

6. 黄颡鱼

黄颡鱼雌鱼的绝对繁殖力变动范围为 245~14 277 粒/尾，平均值为 5 018 粒/尾；相对繁殖力变动范围为 27~244 粒/g，平均值为 86 粒/g（$n = 38$ 尾）（图 2.11）。各个卵巢中，多数个体的绝对繁殖力为 245~6 000 粒/尾，占总抽样样本的 68.41%，相对繁殖力为 27~125 粒/g，占 84.21%。

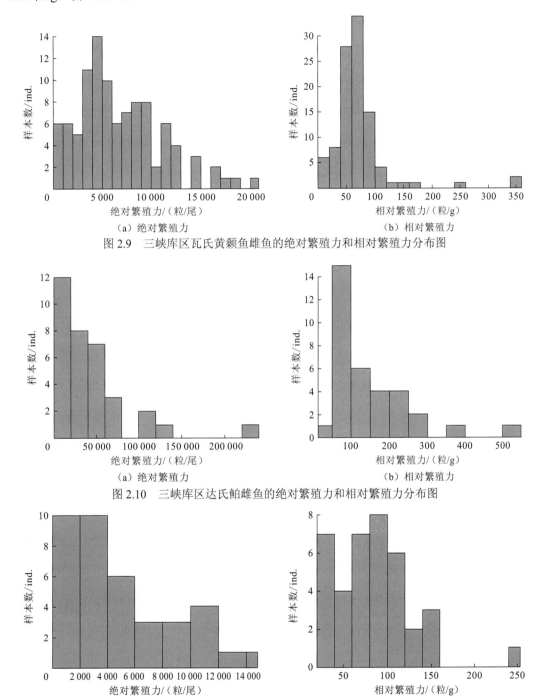

（a）绝对繁殖力   （b）相对繁殖力

图 2.9 三峡库区瓦氏黄颡鱼雌鱼的绝对繁殖力和相对繁殖力分布图

（a）绝对繁殖力   （b）相对繁殖力

图 2.10 三峡库区达氏鲌雌鱼的绝对繁殖力和相对繁殖力分布图

（a）绝对繁殖力   （b）相对繁殖力

图 2.11 三峡库区黄颡鱼雌鱼的绝对繁殖力和相对繁殖力分布图

2.3　三峡库区典型支流产黏沉性卵鱼类早期资源状况

采用网具采集、人工鱼巢试验两种方法，进行黏沉性鱼卵和仔稚鱼的调查，方法如下。

（1）主动采集。在水流较缓的水域，利用抄网、底层拖网等网具，在鱼类产卵场及仔稚鱼的栖息地进行采集。对以水草为产卵基质的种类，可将水草取出，挑取黏附在水草上的鱼卵；对以浅水砾石为产卵基质的种类，可直接或使用底层拖网在砾石上采集鱼卵。

近岸浅水生境仔稚鱼的采集可用抄网或底层拖网采集：①手抄网，使用手抄网在沿岸带不同基质上进行仔稚鱼采集，每次采集 5～10 次，每次采集距离由手持式测距仪现场测定，通常为 20～50 m。手抄网网口面积 0.433 m²，网目 40 目。②拖网，租用渔船，悬挂拖网（网口面积 0.393 m²，网衣长 2.5 m，网目 80 目）沿近岸带进行表层（水深 0.5 m 处）仔稚鱼采集。根据不同江段的基质分布特征，每日沿河流纵向方向选择 8～10 个拖行样方，每个样方使用拖网拖行 30～200 m。手抄网和拖网采样时，记录采样日期、天气状况、采样人、起止采样时间和采样样方的基质类型，并使用便携式水质分析仪 YSI pro 测定每次采样时采样样方的水温、溶解氧和 pH，使用塞氏盘测定每次采样时采样样方的透明度。鱼类早期资源主动采集时段为 3 月下旬至 6 月中旬，采取逐日采集或间隔一定时间采集的方式进行。

（2）人工鱼巢放置、观测与采样。在水中放置楠竹，再在毛竹上放置并固定鱼巢材料（尼龙袋碎片、柏树枝、棕叶、狗牙根等），用来收集不同鱼类的黏沉性卵。具体方法为：分别在 145 m 以上回水变动区以及 145 m 回水区选择适宜区域放置人工鱼巢，每个区域人工鱼巢应放置在不同水深中。鱼巢放置后，每隔两天选取不同材质的人工鱼巢进行抽样，每次抽取 3 束，统计所黏附鱼卵数量。计数后的鱼卵一部分在现场进行培养，待其孵化成苗后鉴定其种类，另外一部分直接用 80%固溶度的乙醇固定，然后带回实验室用分子方法进行种类检测。人工鱼巢放置、观测与采样的时段为 3 月下旬至 5 月中旬，在整个采样期收集鱼卵多次。同时，每隔一段时间，在放置的人工鱼巢基质间使用手抄网采集特定范围内的仔稚鱼。

2.3.1　鱼类早期资源组成

1. 卵苗采集情况

在三峡库区 6 条支流共采集到鱼卵 25 667 粒，均来自人工鱼巢基质（棕叶、柏树枝、海绵、渔网碎片、尼龙袋碎片等）以及拖网，其中人工鱼巢基质上采集到的卵粒数占总采集卵粒数的 99.99%，仅有极少数鱼卵由拖网采集到。调查期间，香溪河采集到的鱼卵数最多，共 13 373 粒，其次为小江，共 9 967 粒，龙溪河没有采集到鱼卵（图 2.12）。

共采集到仔稚鱼 165 857 尾，均通过拖网和手抄网采集，其中手抄网和拖网采集到的仔稚鱼数量分别占总采集仔稚鱼数的 28.05%和 71.95%。此外，采用手抄网、拖网、围网、虾笼等采集到幼鱼 237 786 尾。使用手抄网在香溪河采集到的仔稚鱼数量最多，共 26 282 尾，其次为小江 8 262 尾，最少为龙溪河，仅 936 尾；使用拖网在磨刀溪采集到的仔稚鱼数量最多，共 90 899 尾，其次为小江，14 364 尾，在乌江和龙溪河使用拖网未采集到仔稚鱼（图 2.13）。

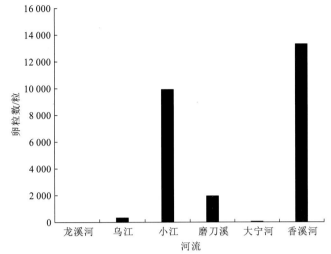

图 2.12　2019～2020 年三峡库区 6 条支流回水区江段采集到的鱼卵数量

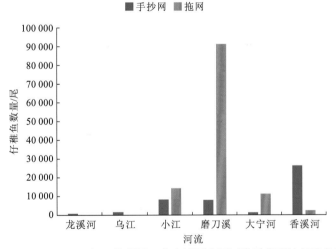

图 2.13　2019～2020 年三峡库区 6 条支流回水区江段采集到的仔稚鱼数量

2. 卵苗种类组成

经鉴定，采集到的鱼卵来自 5 种鱼类，分别为鲤、鲫、达氏鲌、厚颌鲂和间下鱵，其中鲤鱼卵占绝大多数，其占采集到的鱼卵总数量的 72.33%，其次为间下鱵，占 15.23%，最少为达氏鲌，占 0.58%（图 2.14）。共采集到仔稚鱼 43 种，隶属于 6 目 13 科 35 属，其中鲤科鱼类最多，共 26 种，占总种类数的 60.47%，其次为鰕虎鱼科，3 种，占 6.98%，鳅科、鲿科、银鱼科各 2 种，平鳍鳅科等 8 个科均仅采集到 1 种，占 2.33%。仔稚鱼种类数最多的支流为小江，29 种，其次为乌江，24 种，最少为大宁河 11 种，龙溪河、磨刀溪、香溪河未采集到仔稚鱼；6 条支流共采集到产黏沉性卵鱼类 32 种。

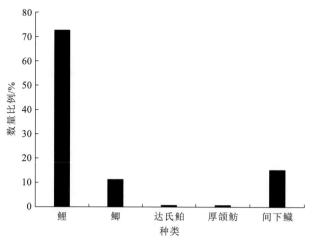

图 2.14　2019~2020 年三峡库区 6 条支流采集到的鱼卵的种类组成及其数量百分比

　　调查期间，采集到的鰕虎类（包括子陵吻鰕虎鱼、波氏吻鰕虎鱼和褐吻鰕虎鱼）仔稚鱼数量最多，占总采集仔稚鱼数的 32.92%，其次为寡鳞飘鱼、银鱼类（太湖新银鱼和大银鱼）、鳈鲅类（中华鳈鲅、高体鳈鲅、大鳍鳠和兴凯鱊）、贝氏鳘、鲤、鲫和间下鱵，分别占 19.91%、13.42%、11.74%、10.73%、5.60%、3.30% 和 1.38%，其他鱼类被采集到的仔稚鱼数量均很少，只占总数的 1.00%（图 2.15）。

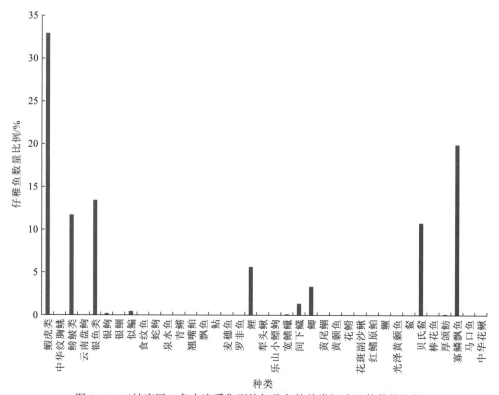

图 2.15　三峡库区 6 条支流采集到的仔稚鱼的种类组成及其数量比例

2.3.2 主要种类丰度动态

1. 龙溪河

1）鲤

龙溪河回水区鲤仔稚鱼的日密度变化如图 2.16 所示。2019 年鲤仔稚鱼日密度的分布范围为 1.27～127.22 ind./100 m³，平均值为 26.10 ind./100 m³；2020 年鲤仔稚鱼日密度的分布范围为 0.57～19.08 ind./100 m³，平均值为 7.12 ind./100 m³。2019 年，4 月 1 日后水体中鲤仔稚鱼的日密度明显增加，仔稚鱼日密度高峰期出现在 4 月 2～11 日以及 5 月 3～5 日；2020 年，4 月 23 日后水体中鲤仔稚鱼的密度明显增加，鲤仔稚鱼日密度高峰期出现在 4 月 23 日～5 月 1 日。

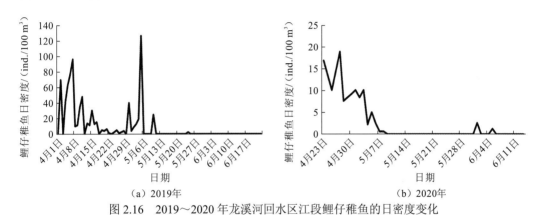

图 2.16　2019～2020 年龙溪河回水区江段鲤仔稚鱼的日密度变化

2）鲫

龙溪河回水区鲫仔稚鱼的日密度变化如图 2.17 所示。2019 年鲫仔稚鱼日密度的分布范围为 1.27～2.55 ind./100 m³，平均值为 1.91 ind./100 m³；2020 年鲫仔稚鱼日密度的分布范围为 0.57～2.55 ind./100 m³，平均值为 1.64 ind./100 m³。

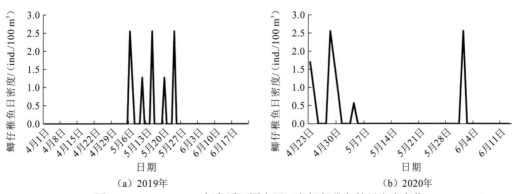

图 2.17　2019～2020 年龙溪河回水区江段鲫仔稚鱼的日密度变化

2. 乌江

1）鲤

乌江回水区鲤仔稚鱼的日密度变化如图 2.18 所示。2019 年鲤仔稚鱼日密度的分布范围为 0.85～8.48 ind./100 m³，平均值为 3.50 ind./100 m³；2020 年鲤仔稚鱼日密度的分布范围为 0.85～39.02 ind./100 m³，平均值为 11.22 ind./100 m³。2019 年，4 月 16 日后水体中鲤仔稚鱼的密度明显增加，仔稚鱼日密度高峰期出现在 4 月 23～30 日以及 5 月 22～23 日；2020 年，4 月 26 日后水体中鲤仔稚鱼的密度明显增加，鲤仔稚鱼日密度高峰期出现在 5 月 1～6 日。

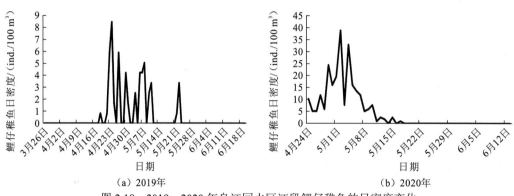

图 2.18　2019～2020 年乌江回水区江段鲤仔稚鱼的日密度变化

2）鲫

乌江回水区鲫仔稚鱼的日密度变化如图 2.19 所示。2019 年鲫仔稚鱼日密度的分布范围为 0.85～6.79 ind./100 m³，平均值为 2.64 ind./100 m³；2020 年鲫仔稚鱼日密度的分布范围为 0.85～1.70 ind./100 m³，平均值为 1.17 ind./100 m³。

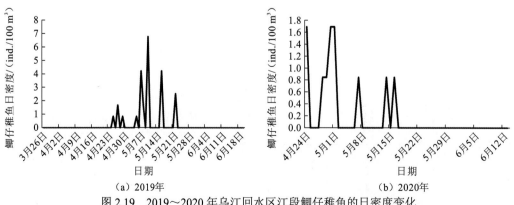

图 2.19　2019～2020 年乌江回水区江段鲫仔稚鱼的日密度变化

3. 小江

1）鲤

小江回水区鲤仔稚鱼的日密度变化如图 2.20 所示。2019 年鲤仔稚鱼日密度的分布范围为 1.27～58.52 ind./100 m³，平均值为 14.66 ind./100 m³；2020 年鲤仔稚鱼日密度的分布范围为 0.85～253.82 ind./100 m³，平均值为 21.08 ind./100 m³。2019 年，4 月 9 日后水体中鲤仔稚鱼的日密度明显增加，仔稚鱼日密度高峰期出现在 4 月 11～15 日以及 5 月 9～11 日；2020 年，4 月 23 日后水体中鲤仔稚鱼的日密度明显增加，鲤仔稚鱼日密度高峰期出现在 4 月 24～28 日以及 5 月 11～12 日。

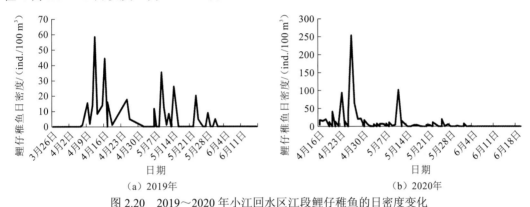

图 2.20　2019～2020 年小江回水区江段鲤仔稚鱼的日密度变化

2）鲫

小江回水区鲫仔稚鱼的日密度变化如图 2.21 所示。2019 年鲫仔稚鱼日密度的分布范围为 0.64～39.58 ind./100 m³，平均值为 9.31 ind./100 m³；2020 年鲫仔稚鱼日密度的分布范围为 1.70～110.69 ind./100 m³，平均值为 29.77 ind./100 m³。2019 年，4 月 1 日后水体中鲫仔稚鱼日密度明显增加，鲫仔稚鱼日密度高峰期出现在 4 月 11～15 日；2020 年，4 月 16 日后水体中鲫仔稚鱼日密度明显增加，鲫仔稚鱼日密度高峰期出现在 4 月 17 日～5 月 1 日。

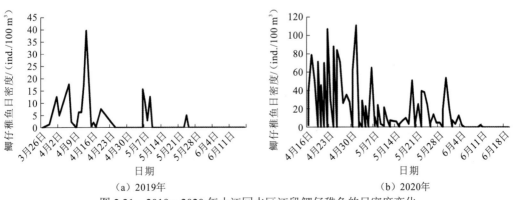

图 2.21　2019～2020 年小江回水区江段鲫仔稚鱼的日密度变化

4. 磨刀溪

1）鲤

磨刀溪回水区鲤仔稚鱼的日密度变化如图 2.22 所示。2020 年鲤仔稚鱼日密度的分布范围为 0.85～295.17 ind./100 m³，平均值为 119.14 ind./100 m³。2020 年，4 月 25 日后水体中鲤仔稚鱼的日密度明显增加，鲤仔稚鱼日密度高峰期出现在 4 月 26 日～5 月 4 日。

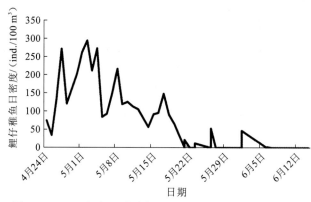

图 2.22　2020 年磨刀溪回水区江段鲤仔稚鱼的日密度变化

2）鲫

磨刀溪回水区鲫仔稚鱼的日密度变化如图 2.23 所示。2020 年鲫仔稚鱼日密度的分布范围为 2.55～288.38 ind./100 m³，平均值为 110.45 ind./100 m³。2020 年，4 月 24 日后水体中鲫仔稚鱼的日密度明显增加，鲫仔稚鱼日密度高峰期出现在 5 月 9～13 日。

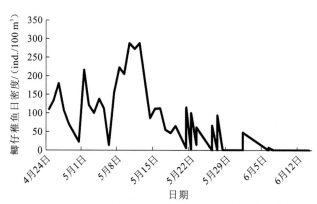

图 2.23　2020 年磨刀溪回水区江段鲫仔稚鱼的日密度变化

5. 大宁河

1）鲤

大宁河回水区鲤仔稚鱼的日密度变化如图 2.24 所示。2020 年鲤仔稚鱼日密度的分布范围为 0.64～3.18 ind./100 m³，平均值为 1.98 ind./100 m³。2020 年，5 月 25 日后水体中鲤仔稚鱼的日密度明显增加，鲤仔稚鱼日密度高峰期出现在 5 月 28 日。

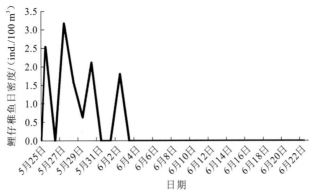

图 2.24   2020 年大宁河回水区江段鲤仔稚鱼的日密度变化

2）鲫

大宁河回水区鲫仔稚鱼的日密度变化如图 2.25 所示。2020 年鲫仔稚鱼日密度的分布范围为 0.40～7.27 ind./100 m³，平均值为 1.99 ind./100 m³。2020 年，5 月 26 日后水体中鲫仔稚鱼日密度明显增加，鲫仔稚鱼日密度高峰期出现在 6 月 2～3 日。

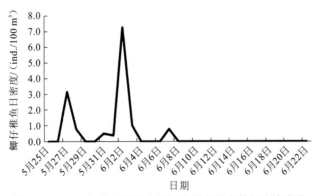

图 2.25   2020 年大宁河回水区江段鲫仔稚鱼的日密度变化

6. 香溪河

1）鲤

香溪河回水区鲤仔稚鱼的日密度变化如图 2.26 所示。2019 年鲤仔稚鱼日密度的分布范围为 0.33～41.99 ind./100 m³，平均值为 6.95 ind./100 m³；2020 年鲤仔稚鱼日密度的分布范围为 0.36～156.92 ind./100 m³，平均值为 27.91 ind./100 m³。2019 年，4 月 13 日后水体中鲤仔稚鱼日密度明显增加，鲤仔稚鱼日密度高峰期出现在 4 月 28 日～5 月 1 日；2020 年，4 月 23 日后水体中鲤仔稚鱼的日密度明显增加，鲤仔稚鱼日密度高峰期出现在 5 月 12～17 日。

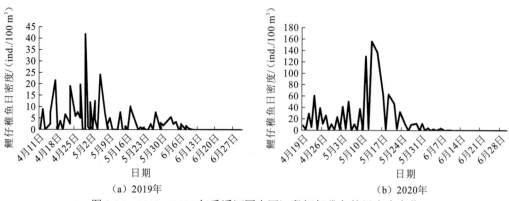

图 2.26　2019～2020 年香溪河回水区江段鲤仔稚鱼的日密度变化

2）鲫

香溪河回水区鲫仔稚鱼的日密度变化如图 2.27 所示。2019 年鲫仔稚鱼日密度的分布范围为 0.64～20.36 ind./100 m^3，平均值为 5.29 ind./100 m^3；2020 年鲫仔稚鱼日密度的分布范围为 0.51～35.12 ind./100 m^3，平均值为 4.07 ind./100 m^3。2019 年，5 月 23 日后水体中鲫仔稚鱼日密度明显增加，仔稚鱼日密度高峰期出现在 5 月 29 日～6 月 1 日以及 6 月 4～6 日；2020 年，5 月 3 日后水体中鲫仔稚鱼的日密度明显增加，鲫仔稚鱼日密度高峰期出现在 5 月 4～6 日。

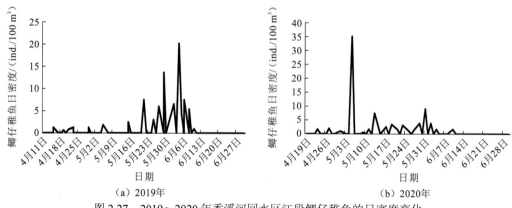

图 2.27　2019～2020 年香溪河回水区江段鲫仔稚鱼的日密度变化

2.3.3　产卵场分布

对仔稚鱼相对丰富的小江、磨刀溪产卵场进行推算。基于基质观测、人工鱼巢以及鱼类拖网和手抄网数据，确定了黏草产卵鱼类（鲤和鲫等）集中产卵场的分布位置：小江回水区江段鲤和鲫等集中产卵的场所共有 5 处，分布在汉丰湖调节坝下游、渠口镇下游、养鹿乡下游以及高阳镇对面洞溪河（图 2.28）；磨刀溪回水区江段鲤和鲫等集中产卵的场所共有 9 处，从河口到回水区末端（外郎乡附近下游）均分布有集中的产卵场，其中龙角镇上游的产卵场是磨刀溪鲤、鲫等产黏沉性卵鱼类最大的产卵场（图 2.29）。

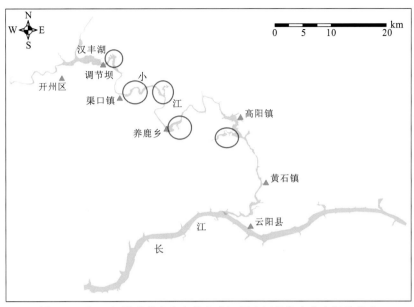

图 2.28　鲤、鲫等黏草产卵鱼类在小江回水区的集中产卵场的分布

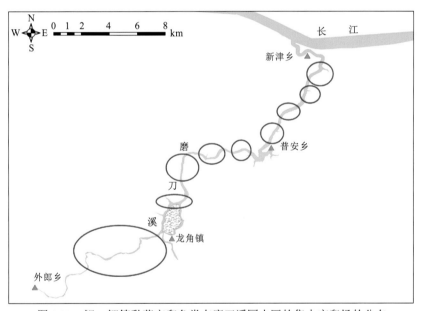

图 2.29　鲤、鲫等黏草产卵鱼类在磨刀溪回水区的集中产卵场的分布

2.3.4　主要种类繁殖规律

1. 繁殖时间

1）性成熟个体推算结果

对 2019～2020 年 4～7 月主要鱼类种类的繁殖生物学样本进行合并，得到 4～7 月这

些主要鱼类的性成熟个体在不同月份之间的数量比例的变动特征（图 2.30），其可以反映这些主要鱼类种类在库区支流河段的主要繁殖季节。结合图中结果的趋势变化特征，可以发现：2019～2020 年，鲤的繁殖期在 4～6 月，鲫的繁殖期在 4～7 月，光泽黄颡鱼、黄颡鱼、瓦氏黄颡鱼和鲇的繁殖期在 5～7 月，达氏鲌的繁殖期在 6～7 月，长吻鮠的繁殖期在 5～6 月。调查期间，发现鲤性成熟个体的最早日期为 4 月 2 日，鲫为 4 月 12 日，光泽黄颡鱼为 5 月 13 日，瓦氏黄颡鱼为 5 月 9 日，达氏鲌为 6 月 12 日，黄颡鱼为 5 月 17 日，鲇为 5 月 10 日，长吻鮠为 5 月 20 日。鲤的性成熟个体比例在 4～5 月较高，因此鲤的繁殖盛期至少包括 4～5 月；同理，鲫为 4～6 月，光泽黄颡鱼、瓦氏黄颡鱼至少包括 6～7 月，达氏鲌为 7 月及以后，黄颡鱼为 6 月及以后。

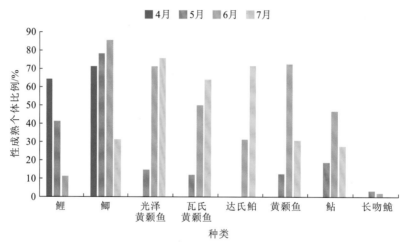

图 2.30　8 种主要鱼类的性成熟个体在不同月份之间的数量比例的变动特征

2）耳石日龄推算结果

采用仔稚鱼的耳石日龄分析方法，对 2020 年小江、磨刀溪、香溪河 3 条支流中鲤、鲫的繁殖时间进行了具体推算，结果如下。

（1）小江—鲤仔稚鱼。4 月 16 日～6 月 20 日，对采自小江沿岸带水草基质内的无主动游泳能力及主动游泳能力弱的鲤仔稚鱼 1 175 尾样本进行耳石日龄分析。这些鲤仔稚鱼的全长分布范围为 4.6～44.6 mm，平均值为 11.3 mm。基于耳石年轮以及早期胚胎发育试验，推算得到调查期间鲤的产卵日期为 3 月 27 日～5 月 17 日，其产卵高峰期为 4 月 13～16 日以及 4 月 23～26 日（图 2.31）。

（2）小江—鲫仔稚鱼。4 月 16 日～6 月 20 日，对采自小江沿岸带水草基质内的无主动游泳能力及主动游泳能力弱的鲫仔稚鱼 1 717 尾样本进行耳石日龄分析。这些鲫仔稚鱼的全长分布范围为 4.6～43.6 mm，平均值为 17.5 mm。基于耳石年轮以及早期胚胎发育试验，推算得到调查期间鲫的产卵日期为 3 月 1 日～5 月 26 日，其产卵高峰期为 3 月 12 日～5 月 9 日（图 2.32）。

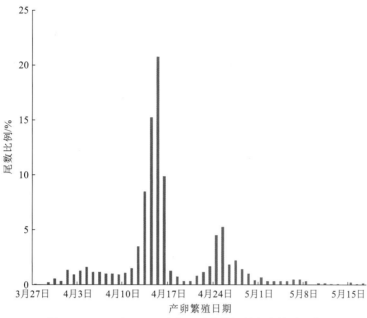

图 2.31　2020 年 3～5 月小江沿岸带鲤的产卵繁殖日期

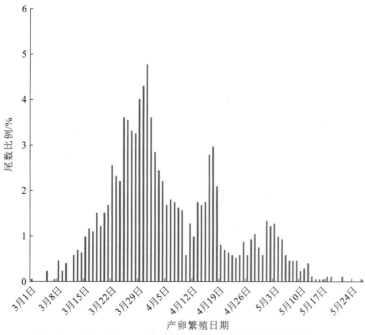

图 2.32　2020 年 3～5 月小江沿岸带鲫的产卵繁殖日期

（3）磨刀溪—鲤仔稚鱼。4 月 16 日～6 月 20 日，对采自磨刀溪沿岸带水草基质内的无主动游泳能力及主动游泳能力弱的鲤仔稚鱼 3 644 尾样本进行耳石日龄分析。这些鲤仔稚鱼的全长分布范围为 4.7～47.0 mm，平均值为 13.1 mm。基于耳石年轮以及早期胚胎发育试验，推算得到调查期间鲤的产卵日期为 2 月 13 日～5 月 14 日，其产卵高峰期为 4 月 10 日～5 月 6 日（图 2.33）。

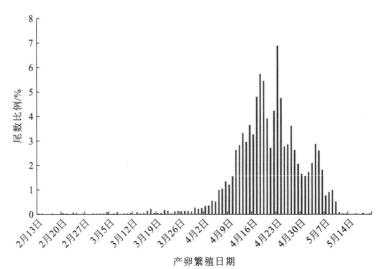

图 2.33　2020 年 2~5 月磨刀溪沿岸带鲤的产卵繁殖日期

（4）磨刀溪—鲫仔稚鱼。4 月 16 日~6 月 20 日，对采自磨刀溪沿岸带水草基质内的无主动游泳能力及主动游泳能力弱的鲫仔稚鱼 3 152 尾样本进行耳石日龄分析。这些鲫仔稚鱼的全长分布范围为 4.0~43.0 mm，平均值为 14.2 mm。基于耳石年轮以及早期胚胎发育试验，推算得到调查期间鲫的产卵日期为 3 月 10 日~5 月 19 日，其产卵高峰期为 3 月 19 日~5 月 8 日（图 2.34）。

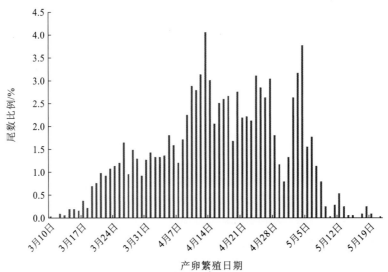

图 2.34　2020 年 3~5 月磨刀溪沿岸带鲫的产卵繁殖日期

（5）香溪河—鲤仔稚鱼。4 月 16 日~6 月 20 日，对采自香溪河沿岸带水草基质内的无主动游泳能力及主动游泳能力弱的鲤仔稚鱼 1 502 尾样本进行耳石日龄分析。这些鲤仔稚鱼的全长分布范围为 4.4~35.6 mm，平均值为 10.5 mm。基于耳石年轮以及早期胚胎发育试验，推算得到调查期间鲤的产卵日期为 4 月 2 日~5 月 28 日，其产卵高峰期为 4 月 9 日~5 月 7 日（图 2.35）。

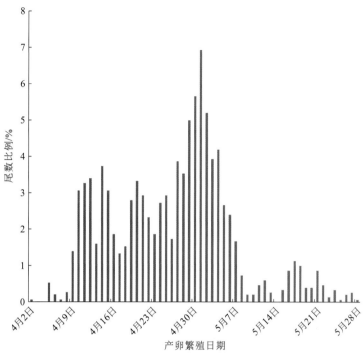

图 2.35　2020 年 4～5 月香溪河沿岸带鲤的产卵繁殖日期

（6）香溪河—鲫仔稚鱼。4 月 16 日～6 月 20 日，对采自香溪河沿岸带水草基质内的无主动游泳能力及主动游泳能力弱的鲫仔稚鱼 153 尾样本进行耳石日龄分析。这些鲫仔稚鱼的全长分布范围为 5.4～22.9 mm，平均值为 8.4 mm。基于耳石年轮以及早期胚胎发育试验，推算得到调查期间鲫的产卵日期为 3 月 29 日～5 月 25 日，其产卵高峰期为 4 月 25～27 日（图 2.36）。

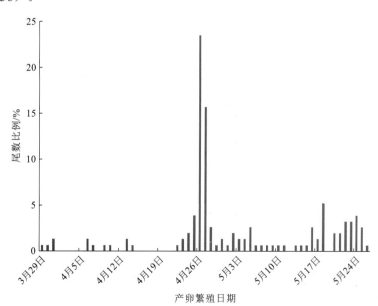

图 2.36　2020 年 3～5 月香溪河沿岸带鲫的产卵繁殖日期

2. 繁殖水温

1）鲤和鲫

采集到鲤鱼卵时的水温区间为 15.5～26.6℃，平均水温为 20.2℃，其中 17～23℃采集到鲤卵的频次最多（图 2.37）。采集到鲤卵时为晴天的天数明显多于雨天和阴天，表明鲤产卵主要发生在晴天（图 2.38）。采集到鲫卵时的水温区间为 17.1～24.6℃，平均水温为 21.4℃，其中 20～22℃采集到鲫卵的频次最多（图 2.39）。

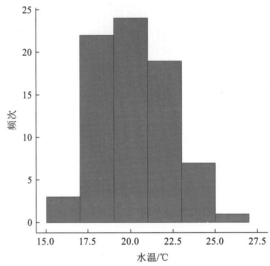

图 2.37　采集到鲤卵时的水温分布及其频次

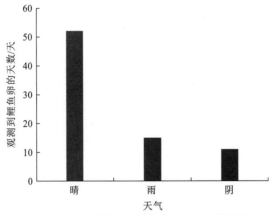

图 2.38　采集到鲤卵时的天气分布及其频次

2）达氏鲌和厚颌鲂

采集期间仅两次观测到达氏鲌产卵，分别为 2019 年 6 月 26 日和 6 月 28 日，水温分别为 23.7℃和 24.0℃，天气分别为阴天和雨天。仅两次观测到厚颌鲂产卵，分别为 2020 年 5 月 1 日和 5 月 6 日，水温分别为 22.8℃和 23.3℃，天气均为晴天。

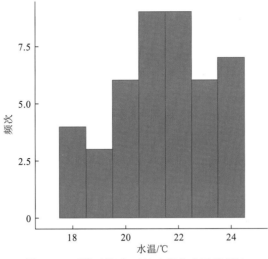

图 2.39　采集到鲫卵时的水温分布及其频次

3. 不同鱼类繁殖规律

基于 2.3.1 节、2.3.2 节介绍的 2019～2020 年调查结果以及历史调查研究资料，对库区 6 条支流产黏沉性卵鱼类的繁殖月份及其偏好产卵基质进行总结，其结果如表 2.14 所示。结果显示：库区 6 条支流多数产黏沉性卵鱼类的繁殖高峰期为 4～5 月和 5～6 月；产卵基质多为水草、沙石河床；产卵水温多在 16 ℃ 以上。

表 2.14　三峡库区 6 条典型支流回水区江段产黏沉性卵鱼类的繁殖月份及其产卵底质偏好类型

种类	繁殖月份	繁殖高峰期	产卵偏好基质类型	产卵水温	备注
大银鱼	12 月～次年 3 月	1～2 月	卵具卵膜丝黏附于岩石、泥土、水草等附着物	≥2 ℃	卵沉性
太湖新银鱼	1～4 月以及 9～10 月	2～3 月	卵具卵膜丝黏附于岩石、泥土、水草等附着物	10～23 ℃	卵沉性
*胭脂鱼	3～4 月	未知	砂砾浅滩	14～24 ℃	
泥鳅	4～9 月	5～6 月	20～30 cm 水深的浅水草丛	≥16 ℃	
大鳞副泥鳅	4～9 月	5～6 月	水草	≥16 ℃	
宽鳍鱲	4～7 月	5～6 月	沙石河床	≥14 ℃	
马口鱼	4～7 月	5～6 月	沙石河床	≥14 ℃	
圆吻鲴	5～8 月	6～7 月	沙石河床	18～25 ℃	
泉水鱼	3～5 月	未知	石缝或石洞	≥14 ℃	
云南盘鮈	11 月～次年 6 月	3～5 月	沙石河床	13～26 ℃	
飘鱼	4～7 月	6～7 月	水草、淤泥、沙石河床等均可	≥17 ℃	
寡鳞飘鱼	4～7 月	6～7 月	水草、淤泥、沙石河床等均可	≥17 ℃	
鳘	4～8 月	未知	水草、淤泥、沙石河床等均可	≥18 ℃	
*张氏鳘	5～9 月	6～7 月	水草	≥18 ℃	

续表

种类	繁殖月份	繁殖高峰期	产卵偏好基质类型	产卵水温	备注
达氏鲌	6~8月	6月下旬~7月	水草	≥18℃	
红鳍原鲌	5~8月	6月	水草	≥18℃	
鲂	5~6月	未知	石滩或水草	19~28℃	
团头鲂	5~6月	未知	石滩或水草	20~28℃	
*厚颌鲂	4~6月	5月	石滩或水草	≥18℃	
华鳊	5~7月以及9~10月	未知	石滩或水草	未知	
中华鳑鲏	2~8月	4~5月	蚌壳	14~30℃	
高体鳑鲏	2~8月	4~5月	蚌壳	14~30℃	
大鳍鱊	4~6月	4~5月	蚌壳	≥16℃	
兴凯鱊	4~6月	4~5月	蚌壳	≥16℃	
花鲭	4~6月	4~5月	水草	16~23℃	
唇鲭	4~6月	未知	沙石河床	≥16℃	
麦穗鱼	4~7月	5~6月	水草、石头、木桩、水边竹等皆可	13~27℃	
棒花鱼	2~6月	3~4月	沙石河床或泥土	>12℃	雄鱼具筑巢习性
乐山小鳔鮈	未知	未知	未知	未知	
*宽口光唇鱼	4~5月	4月	沙石河床	17~23℃	
云南光唇鱼	4~5月	未知	沙石河床	17~26℃	
多鳞白甲鱼	5~8月	5~6月	沙石河床，特别是大型岩石	≥15℃	
白甲鱼	4~6月	未知	沙石河床	18~28℃	
*岩原鲤	3~5月以及8~9月	4~5月	沙石河床	18~26℃	
鲤	2~6月	4~5月	水草	>15℃	
鲫	3~7月	4~5月	水草	≥16℃	
鲇	5~7月	6~7月	水草或岩缝	≥18℃	
黄颡鱼	4~9月	6~7月	泥沙或土质底质	≥20℃	雄鱼用胸鳍筑巢
瓦氏黄颡鱼	5~7月	6~7月	岩石底质	19~27℃	筑巢产卵
光泽黄颡鱼	5~7月	6~7月	泥沙或土质底质	≥19℃	筑巢产卵
长须黄颡鱼	5~7月	6~7月	岩石底质	未知	筑巢产卵
长吻鮠	4~6月	5月	沙石河床	≥18℃	
粗唇鮠	5~7月	未知	沙石或水草	≥18℃	
切尾拟鲿	5~7月	6月	沙石河床	≥16℃	
凹尾拟鲿	5~7月	6月	沙石河床	≥16℃	
圆尾拟鲿	5~7月	6月	沙石河床	≥16℃	
大鳍鳠	5~7月	6~7月	沙石河床	≥16℃	

续表

种类	繁殖月份	繁殖高峰期	产卵偏好基质类型	产卵水温	备注
中华纹胸鮡	3～6 月	5～6 月	沙石河床	≥16℃	
褐吻鰕虎鱼	6～10 月	未知	石隙或空蚌内	≥18℃	
子陵吻鰕虎鱼	4～7 月	5～6 月	砂质、草、岩石、土等均可以	≥18℃	
波氏吻鰕虎鱼	4～7 月	5～6 月	砂质、草、岩石、土等均可以	≥18℃	
沙塘鳢	4～6 月	5～6 月	贝壳、岩缝石或其他隐蔽物	≥18℃	
间下鱵	4～6 月	5～6 月	水草	≥16℃	

注：种类名称前加*为长江上游特有种类；本表按《中国淡水鱼类检索》（朱松泉编著，江苏科学技术出版社）排序。

第3章

三峡坝下鱼类群落及早期资源动态

长江出三峡后，进入中游。河谷逐渐开阔，沿岸湖泊星罗棋布。历史上，长江中下游的附属湖泊大多与长江连通，共同构成一个完整的江湖复合生态系统。江湖洄游鱼类以青鱼、草鱼、鲢、鳙四大家鱼，以及鳊、鳤、鲸、鳡等为典型代表，这些物种对江湖一体的生态环境具有良好的适应性，在长江中游种群繁盛，是主要的渔业对象。长江干流产漂流性卵的洄游鱼类有20余种，发生洪水和水温达到适当的温度点是它们进行繁殖所必备的自然条件，而通江湖泊则是其仔、幼鱼及成鱼育肥生长的最适场所。随着大规模围湖造田、水利工程建设，长江中游渔业资源逐渐衰退、群落结构发生较大变化。本章以三峡水库建设前后近20年的宜昌至监利江段调查数据为基础，从种类组成、优势种、群落多样性几个方面阐述三峡坝下鱼类群落及早期资源动态变化。

3.1　三峡坝下不同时期鱼类资源动态

3.1.1　三峡工程建设及运行初期

1997～2009 年，对葛洲坝坝下的宜昌江段进行渔获物调查 19 次，共计采集鱼类 70 种 50 972 尾，使用方法为三层流刺网、钩船、船罟、小钩、定置网、撒网、抄网、饵钩、滚钩、小钩船、定置刺网、定置钩、钩钓、流网等。调查区域分为两个江段：葛洲坝至大公桥江段、大公桥至胭脂坝江段（图 3.1）。

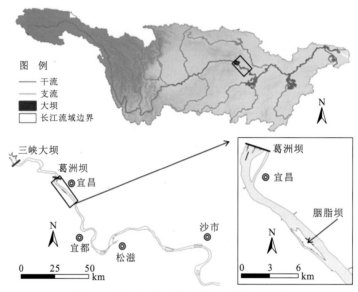

图 3.1　长江中游宜昌江段渔获物调查范围

1. 葛洲坝至大公桥江段

1）种类组成

1997～2009 年葛洲坝至大公桥江段抽样渔获物中共计有鱼类 70 种，分别隶属于 7 目 15 科 47 属（表 3.1）。鲤形目和鲇形目在渔获尾数和重量上明显占据优势，其他鱼类在渔获尾数和重量上均极少，其中鲤形目物种数量占总数的 71.43%。其中又以鮈亚科鱼类种类数为最多，共有 12 种，占种类数的 17.14%；鲌亚科次之，共有 9 种，占鱼类种类数的 12.86%。研究期内总渔获尾数低于 10 尾的种类共计 26 种，占物种总数的 37.14%，其中唇䱻、黄黝鱼、厚颌鲂、青鳉、拟尖头红鲌、达氏鲌和乌鳢均仅捕获 1 尾。

表 3.1　葛洲坝至大公桥江段鱼类种类组成

目	科	属	种	种类组成/%
鲤形目 Cypriniformes	4	34	50	71.43
鲇形目 Siluriformes	3	4	8	11.43

续表

目	科	属	种	种类组成/%
鳗鲡目 Anguilliformes	1	1	1	1.43
鲑形目 Salmoniformes	1	2	2	2.86
鲱形目 Clupeiformes	1	1	2	2.86
鲈形目 Perciformes	3	3	5	7.14
鳉形目 Cyprinodontiformes	2	2	2	2.86

注：表中数值存在修约，种类组成加和不为 100%。

2）优势种

1997～2009 年葛洲坝至大公桥江段抽样渔获物中各年间鱼类群落 IRI 值大于 100 的常见种共计 10 种，分别为草鱼、铜鱼、瓦氏黄颡鱼、圆口铜鱼、圆筒吻鮈、长鳍吻鮈、鲢、鳊和吻鮈，其中 IRI 值大于 1 000 的优势种共有 3 种，分别为铜鱼、圆口铜鱼和瓦氏黄颡鱼。10 种常见种均为该江段常见经济鱼类，其中出现频率前三位的分别为铜鱼（100.00%）、圆口铜鱼（92.31%）和瓦氏黄颡鱼（84.62%），出现频率最少的分别为鲢、鳊、吻鮈和草鱼，其分别仅在 1999 年、2008 年、2006 年和 1997 年为常见种（表 3.2）。

表 3.2　葛洲坝至大公桥江段鱼类群落优势种类及其年际变化（IRI）

年份	铜鱼	圆口铜鱼	瓦氏黄颡鱼	圆筒吻鮈	长鳍吻鮈	鲢	鳊	吻鮈	草鱼
1997	1 168.13	2 127.64	1 964.25	447.80	276.54	—	—	—	117.26
1998	2 457.54	2 402.12	1 195.31	347.95	265.82	—	—	—	
1999	2 006.13	1 201.75	505.60	183.98	163.53	291.42	—	—	
2000	2 454.50	1 611.12	946.60	145.71	131.99	—	—	—	
2001	2 409.28	1 906.39	1 027.94	234.45	248.67	—	—	—	
2002	3 151.25	1 121.43	1 360.08	624.70	209.88	—	—	—	
2003	3 441.66	2 471.42	1 198.65	475.65	—	—	—	—	
2004	3 517.67	1 915.09	2 242.10	115.15	—	—	—	—	
2005	4 471.00	1 644.32	1 686.21	—	—	—	—	—	
2006	3 397.14	859.28	562.99	—	—	—	—	533.90	
2007	3 222.22	889.16	—	—	—	—	—	—	
2008	3 232.39	924.65	—	—	—	—	297.34	—	
2009	2 962.49	—	584.67	—	—	—	—	—	
出现频率/%	100.00	92.31	84.62	61.54	46.15	7.69	7.69	7.69	7.69

调查期间，铜鱼一直为该江段的优势种群，其优势度呈上升趋势；圆口铜鱼在三峡工程 156 m 蓄水前的 1997～2005 年均为该江段优势种群，其优势度无明显变化，而在 156 m 蓄水后其优势度明显下降，从 2006 年开始其种群数量显著减少，甚至在 2009 年的 38 船次

的调查中仅发现圆口铜鱼 2 尾；瓦氏黄颡鱼的逐年变化趋势与圆口铜鱼的变化趋势类似，但其在三峡工程 156 m 蓄水后仍为该江段的主要常见物种。

3）群落多样性

研究期内葛洲坝至大公桥江段基于渔获尾数的渔业群落多样性特征值平均指标为：马加莱夫丰富度指数（Margalef richness index）（R）3.833 8，香农-维纳多样性指数（H'）1.716 0，辛普森多样性指数（Simpson's diversity index）（D）0.293 0，皮卢均匀性指数（Pielou's evenness index）（E）0.513 6。多样性特征值年间对比结果显示：1997～2009 年马加莱夫丰富度指数在三峡工程 156 m 蓄水前变动较为明显，但总体上维持在一个相当水平附近，其平均值为 4.346 8，而在 156 m 蓄水之后，其数值明显下降，3 年间平均值下降为 2.255 8，下降幅度约为 48.1%；从 2003 年开始，香农-维纳多样性指数和皮卢均匀性指数也呈下降趋势，其中香农-维纳多样性指数变幅较大而皮卢均匀性指数变幅较小；辛普森多样性指数从 2003 年开始显著上升，表明某些鱼类在渔获物中的优势度大幅增加，鱼类的个体数量和重量均明显集中在某些单一种群之中，鱼类多样性明显降低（图 3.2）。

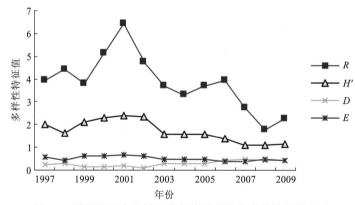

图 3.2　葛洲坝至大公桥江段鱼类群落生物多样性指数变动

4）群落相似性

葛洲坝至大公桥江段各年间 Jaccard 群落相似性指数（Jaccard similarity index）的结果显示：与 1997 年相比，1998～2009 年各年间的 Jaccard 群落相似性指数呈明显的下降趋势，距离 1997 年的时间越远，群落的物种组成和群落中各物种的数量分布的差异趋势越明显，其中 1998～2005 年与 1997 年的 Jaccard 群落相似性指数平均值为 0.611 4，且变化幅度不大，Jaccard 群落相似性指数数值通常在 0.5 以上，而蓄水到 156 m 后各年间的数值基本在 0.5 以下，Jaccard 群落相似性指数平均值仅为 0.392 3，下降幅度高达 35.84%；1998～2009 年，各相邻年份之间的 Jaccard 群落相似性指数，在 2006 年以前（包括 2006 年）有所下降，但下降幅度偏低，其值均大于 0.5，平均值为 0.615 2，而 2006 年后其值均小于 0.5，平均值仅为 0.439 2，下降了 28.61%（表 3.3、图 3.3）。总体上，葛洲坝至大公桥江段在三峡水库 156 m 蓄水前，各年间的鱼类群落组成略有差异，但差异不明显，而在 156 m 蓄水后，该江段的鱼类群落发生明显变化，不仅某些鱼类种类逐渐在该江段消失，而且部分鱼类在群落中的数量分布也发生明显改变。

表 3.3　葛洲坝至大公桥江段各年间 Jaccard 群落相似性指数

年份	1998	1999	2000	2001	2002	2003	2004	2005	2006	2007	2008	2009
1997	0.659 1	0.810 8	0.612 2	0.483 3	0.659 1	0.522 7	0.631 6	0.512 2	0.404 3	0.545 5	0.419 4	0.200 0
1998		0.756 1	0.647 1	0.566 7	0.560 0	0.531 9	0.522 7	0.425 5	0.392 2	0.302 3	0.225 0	0.261 9
1999			0.625 0	0.543 9	0.565 2	0.571 4	0.525 0	0.452 4	0.413 0	0.351 4	0.433 3	0.305 6
2000				0.724 1	0.584 9	0.529 4	0.520 8	0.460 0	0.480 8	0.347 8	0.222 2	0.255 3
2001					0.541 0	0.543 9	0.431 0	0.431 0	0.500 0	0.309 1	0.181 8	0.254 5
2002						0.615 4	0.522 7	0.395 8	0.449 0	0.333 3	0.256 4	0.292 7
2003							0.564 1	0.418 6	0.511 6	0.351 4	0.264 7	0.270 3
2004								0.513 5	0.578 9	0.451 6	0.310 3	0.448 3
2005									0.538 5	0.500 0	0.310 3	0.312 5
2006										0.484 8	0.272 7	0.393 9
2007											0.421 1	0.347 8
2008												0.411 8

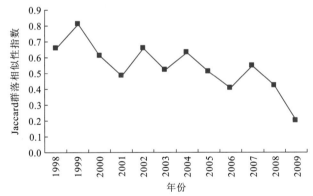

图 3.3　葛洲坝至大公桥江段鱼类 Jaccard 群落相似性指数逐年变动（以 1997 年为参考点）

2. 大公桥至胭脂坝江段

1）种类组成

2002～2009 年大公桥至胭脂坝江段抽样渔获物中共计有鱼类 58 种，分别隶属于 6 目 13 科 41 属（表 3.4）。该群落中铜鱼、圆口铜鱼和圆筒吻鮈等中型个体规格的经济鱼类占据优势。大公桥至胭脂坝江段鱼类群落物种数量主要集中于鲤形目和鲇形目，其中鲤形目鱼类 39 种，鲇形目鱼类 9 种，分别占鱼类种类数的 67.24% 和 15.52%。所有鲤形目鱼类中，又以鲤科鱼类占绝对优势类群，共有 31 种，占鲤形目种类数的 79.49%，其重量和数量均显著高于其余各科鱼类。除铜鱼、圆口铜鱼、吻鮈、蛇鮈、瓦氏黄颡鱼和圆筒吻鮈等少数几种鱼类外，其余鱼类个体数量和重量在渔获物中的比例均很少。

表 3.4　大公桥至胭脂坝江段鱼类种类组成

目	科	属	种	种类组成/%
鲤形目 Cypriniformes	3	29	39	67.24
鲇形目 Siluriformes	3	4	9	15.52
鲑形目 Salmoniformes	1	1	1	1.72
鲱形目 Clupeiformes	1	1	2	3.45
鲈形目 Perciformes	4	5	6	10.34
鳉形目 Cyprinodontiformes	1	1	1	1.72

注：表中数值存在修约，种类组成加和不为 100%。

2）优势种

2002～2009 年大公桥至胭脂坝江段鱼类群落 IRI 大于 100 的常见种共出现 7 种，其中 IRI 大于 1 000 的优势种出现 4 种，分别为铜鱼、圆口铜鱼、圆筒吻鮈和瓦氏黄颡鱼。7 种常见种包含经济鱼类 5 种，小型野杂鱼类 2 种（表 3.5）。研究期内大公桥至胭脂坝江段各年份共计出现优势种 4 种，其中在各年间成为优势种频率最高的为铜鱼和圆口铜鱼，均为 100%，瓦氏黄颡鱼次之，为 25%，而圆筒吻鮈最低，仅在 2009 年为优势种。

表 3.5　大公桥至胭脂坝江段鱼类群落优势种类及其年际变化（IRI）

年份	铜鱼	圆口铜鱼	瓦氏黄颡鱼	圆筒吻鮈	宜昌鳅鮀	蛇鮈	吻鮈
2002	2 165.36	1 827.22	1 273.27	747.11	180.45	429.83	—
2003	1 955.72	2 282.70	575.23	556.43	—	108.08	—
2004	1 877.33	1 386.98	302.16	551.23	119.27		—
2005	4 973.71	1 859.62	1 774.45	325.54	—		—
2006	7 681.62	1 144.99	274.48	363.89	—		592.63
2007	8 047.74	1 345.27	485.93	347.89	159.85		—
2008	5 593.22	1 389.83	—	789.34	—		127.12
2009	4 580.15	1 143.13	—	1 787.23	—		—
出现频率/%	100.00	100.00	75.00	100.00	37.50	25.00	25.00

3）群落多样性

2002～2009 年大公桥至胭脂坝江段基于渔获尾数的鱼类群落多样性特征值平均指标为：马加莱夫丰富度指数（R）3.485 2，香农-维纳多样性指数（H'）1.538 1，辛普森多样性指数（D）0.349 4，皮卢均匀性指数（E）0.492 2。多样性特征值年间对比结果显示：大公桥至胭脂坝江段马加莱夫丰富度指数和香农-维纳多样性指数呈下降趋势，但下降程度较低，而辛普森多样性指数略微呈上升趋势，皮卢均匀性指数则无明显变化（图 3.4）。

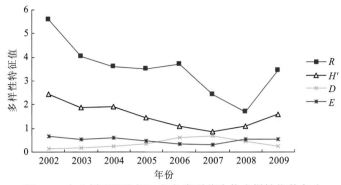

图 3.4　大公桥至胭脂坝江段鱼类群落生物多样性指数变动

4）群落相似性

大公桥至胭脂坝江段各年间 Jaccard 群落相似性指数的结果显示（表 3.6、图 3.5）：与 2002 年相比，2003～2009 年各年间的 Jaccard 群落相似性指数呈无明显变动趋势。8 年间，鱼类 Jaccard 群落相似性指数平均值为 0.521 0，其中 2004 年、2005 年最高，为 0.575 0，而 2006 年最小，为 0.465 4。8 年间，各相邻年份之间的 Jaccard 群落相似性指数，在 2006 年以前（包括 2006 年）有所上升，但上升幅度极低，平均值为 0.534 5，而 2006 年后，平均值为 0.486 2，仅下降了 9.04%。总体上，大公桥至胭脂坝江段各年间 Jaccard 群落相似性指数变动趋势极小，除少数鱼类如圆口铜鱼等外，鱼类群落组成无明显差异。

表 3.6　大公桥至胭脂坝江段各年间 Jaccard 群落相似性指数

年份	2003	2004	2005	2006	2007	2008	2009
2002	0.500 0	0.575 0	0.575 0	0.465 4	0.413 3	0.445 5	0.497 9
2003		0.524 5	0.590 2	0.477 8	0.415 8	0.471 4	0.444 4
2004			0.554 5	0.514 3	0.518 5	0.430 8	0.443 8
2005				0.558 8	0.513 8	0.480 0	0.494 4
2006					0.483 9	0.533 3	0.571 4
2007						0.488 9	0.533 3
2008							0.485 7

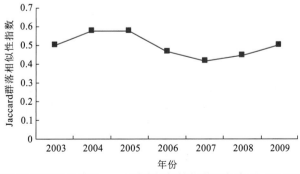

图 3.5　大公桥至胭脂坝江段鱼类 Jaccard 群落相似性指数逐年变动（以 2002 年为参考点）

3. 鱼类资源总体评价

1）葛洲坝至大公桥江段

1997～2009 年葛洲坝至大公桥江段渔业群落物种数量在三峡蓄水前的 2003 年种群数量较多，群落结构相对复杂，鲤科鱼类在渔获物中占绝对优势，常规的中型个体鱼类，特别是具有重要经济价值的铜鱼、圆口铜鱼和瓦氏黄颡鱼在渔获物中的个体数量比例和重量比例均占绝对优势，小型野杂鱼类比例通常较小。抽样渔获物中以中型规格个体（大于 100 g）所占比例最高，群落整体多样性水平较高，而在 2003 年后，群落个体种群数量、种类数量以及鱼类群落生物多样性均开始有所降低，但鱼类个体仍多为经济鱼类铜鱼、圆口铜鱼和瓦氏黄颡鱼等个体，其在渔获物中的比重相对增加。特别是到 2006 年后，该江段鱼类群体生物多样性显著下降，鱼类群落组成结构发生明显改变，以往较为常见的圆口铜鱼、圆筒吻鮈等鱼类在渔获物中基本消失不见，以往该江段群落结构中总渔获量低于 10 尾的偶见种数量占物种总数的比例明显降低，多为以往数量较多的物种。

2）大公桥至胭脂坝江段

2002～2009 年大公桥至胭脂坝江段渔业群落物种数量较多，群落结构相对复杂，经济鱼类在渔获物中占据优势，小型野杂鱼类比例相对于大公桥以上江段也较高。但该江段群落组成与其以上邻近的坝下江段相比差异明显，特别是主要鱼类种类在渔获物中的数量比例和重量比例差异更为明显。抽样渔获物中中小规格个体所占比例较高，群落整体多样性水平呈下降趋势，但相较之邻近的大公桥以上江段下降幅度偏低。各项指标年间变动情况显示大公桥至胭脂坝江段经济鱼类的优势度较高。总体而言，三峡蓄水对该江段鱼类的影响显著小于对靠近葛洲坝电站的大公桥以上江段鱼类群落的影响。

3.1.2　三峡水库试验性运行期

1. 种类组成

2011～2020 年，每年在宜昌至荆州江段开展渔获物调查，调查时间集中在 8～9 月和 11～12 月，调查网具主要包括定置刺网、三层流刺网、丝网、饵钩、地笼等。据统计，近十年共调查到鱼类 60 种，隶属于 5 目 11 科 40 属（表 3.7），以鲤形目、鲇形目鱼类占主要地位，共有 52 种，鲤形目中又以鲤科鱼类占绝对优势，共有 35 种。每年调查到的物种数量在 18～30 种。从年度出现率来看，鳊、大鳍鱊、鳜、斑鳜、铜鱼、瓦氏黄颡鱼、吻鮈、银鮈、飘鱼、长吻鮠、鲢、鲫、翘嘴鲌、银鲴、圆筒吻鮈、鳘、草鱼、粗唇鮠、鲤等约 20 种为常见种类，年度出现率大于 50%。

2. 优势种组成

通过统计各种鱼类的重量百分比、尾数百分比和日出现率，依照相对重要性指数研究鱼类优势种成分。选取 IRI 值大于 500 的物种为优势种，IRI 值在 100～500 的为常见种，

IRI 值在 10～100 的为少见种，IRI 值在 1～10 的为稀有种。统计不同年份渔获物的优势种和常见种组成（IRI > 100），共有 25 个常见种和优势种鱼类，其中铜鱼、瓦氏黄颡鱼、鳜、鳊、圆筒吻鉤是比较稳定的优势种群（表 3.8）。表 3.8 显示，2017 年、2018 年的优势种组分与其他年份相比差异明显，调查到的种类更多样化。造成此差异的原因是 2017～2018 年捕捞的时间涵盖了 8～9 月鱼类活动的高峰时期，并且捕捞网具及规格更多样化。

表 3.7　宜昌至荆州江段鱼类种类组成

目	科	属	种	种类组成/%
鲤形目 Cypriniformes	4	29	41	68.33
鲇形目 Siluriformes	3	6	11	18.33
鲈形目 Perciformes	2	3	5	8.33
鲱形目 Clupeiformes	1	1	1	1.67
鲟形目 Acipenseriformes	1	1	2	3.33

注：表中数值存在修约，种类组成加和不为 100%。

表 3.8　不同鱼类 IRI 值的年际变化

种类	2011 年	2012 年	2013 年	2014 年	2015 年	2016 年	2017 年	2018 年	2019 年	2020 年
铜鱼	6 304	3 012	4 859	6 339	10 439	230	7 528	1 512	11 179	13 062
瓦氏黄颡鱼	2 974	8 210	122	1 558	788	999	395	226	166	—
鳜	1 709	778	3 983	1 960	5 014	992	—	334	2 011	2 376
鳊	401	390	386	—	229	114	628	1 673	119	—
圆筒吻鉤	623	402	1 445	153	548	—	—	—	138	
圆口铜鱼	1 873	—	—	341	—	—	—	—		
长吻鮠	636	—	—	—	—	—	—	—	251	
吻鉤	—	—	627	—	166	196	—	—	966	
斑鳜	—	—	285	—	—	343	—	—	190	185
银鲴	343	—	108	—	—	—	1 508	205	260	
飘鱼	160	—	—	—	—	—	149	—		
粗唇鮠	—	—	—	111	—	—	—	—		
长薄鳅	—	—	—	—	135	—	—	—		
鲫	—	—	—	—	216	—	—	—		
鲤	—	—	—	—	—	1 056	214	—		
草鱼	—	—	—	—	—	115	—	789		
鲢	—	—	—	—	—	—	643	962	—	
大眼鳜	—	—	—	—	—	—	300	—		
鳙	—	—	—	—	—	—	—	422		

续表

种类	2011 年	2012 年	2013 年	2014 年	2015 年	2016 年	2017 年	2018 年	2019 年	2020 年
翘嘴鲌	—	—	—	—	—	—	—	298	—	—
赤眼鳟	—	—	—	—	—	—	—	256	—	—
贝氏䱗	—	—	—	—	—	—	319	231	—	—
鳜	—	—	—	—	—	—	—	229	—	—
蒙古鲌	—	—	—	—	—	—	—	184	—	—
达氏鲌	—	—	—	—	—	—	—	144	—	—

3. 优势种规格

1）铜鱼

2011～2020 年共测量了 3 434 尾铜鱼的体长和体重，个体体长范围 65～372 mm、平均体长 249.4 mm，体重范围 14.5～832.3 g、平均体重 214.8 g（表 3.9）。捕捞个体的规格在不同年份表现出差异，体长和体重范围在缩小，尾均体长和体重在增大，表明宜昌至荆州江段铜鱼的补充群体规模在减少、种群结构趋于简单。

表 3.9　铜鱼个体规格年际变化

年份	测量尾数	体长最小值/mm	体长最大值/mm	平均体长/mm	体重最小值/g	体重最大值/g	平均体重/g
2011	843	109	371	224.4	16.6	822.5	175.2
2012	340	65	370	214.6	15.5	754.1	143.1
2013	112	211	365	276.3	138.5	687.2	271.5
2014	614	136	362	216.8	32.6	722.8	156.5
2015	344	163	372	255.0	14.5	832.3	223.9
2016	17	175	295	217.8	64.5	290.2	129.5
2017	248	140	368	278.0	32.6	648.9	287.5
2018	39	225	343	258.6	146.8	486.7	241
2019	296	226	354	272.9	141.9	512.1	251.6
2020	581	240	349	279.5	163.4	540.2	268

2）瓦氏黄颡鱼

2011～2020 年共测量了 2195 尾瓦氏黄颡鱼的体长和体重，个体体长范围 64～347 mm、平均体长 175.9 mm，体重范围 7.2～497.4 g、平均体重 92.6 g（表 3.10）。捕捞个体的规格在不同年份表现出差异，没有呈现规律性变化，但捕捞数量呈逐年减少趋势，表明宜昌至荆州江段瓦氏黄颡鱼的种群规模在下降。

表 3.10　瓦氏黄颡鱼个体规格年际变化

年份	测量尾数	体长最小值/mm	体长最大值/mm	平均体长/mm	体重最小值/g	体重最大值/g	平均体重/g
2011	639	95	338	162.8	14.1	497.4	63.4
2012	1 188	64	325	171.6	9.4	429.2	76.2
2013	11	150	347	211.3	43.5	406.0	143.1
2014	217	130	270	170.5	22.6	267.7	70.1
2015	38	137	343	190.6	39.3	481.3	190.6
2016	50	87	258	161.5	7.2	183.2	55.6
2017	27	127	274	177.6	29.0	288.3	88.0
2018	13	120	160	139.7	25.6	57.3	42.3
2019	11	130	300	185.7	26.1	261.5	91.7
2020	1	—	—	188.0	—	—	104.8

3）鳜

2011~2020 年共测量了 1 146 尾鳜的体长和体重，个体体长范围 95~435 mm、平均体长 182.2 mm，体重范围 15.1~1 987.3 g、平均体重 201.5 g（表 3.11）。捕捞个体的规格在不同年份表现出差异，体长和体重范围在缩小，尾均体长和体重也在减小，表明宜昌至荆州江段鳜的种群结构趋于简单、个体小型化加剧。

表 3.11　鳜个体规格年际变化

年份	测量尾数	体长最小值/mm	体长最大值/mm	平均体长/mm	体重最小值/g	体重最大值/g	平均体重/g
2011	222	100	415	176.5	15.1	1 379.0	234.5
2012	72	95	344	189.7	23.1	979.0	226.5
2013	59	160	435	262.0	79.0	1 987.3	581.5
2014	261	120	319	153.0	30.4	945.6	79.1
2015	181	123	386	202.2	37.4	1 471.5	192.8
2016	63	122	198	194.2	31.9	691.6	160.9
2017	1	—	—	109.0	—	—	172.7
2018	12	140	200	150.0	50.0	200.0	70.2
2019	75	134	308	195.3	45.5	659.4	160.8
2020	200	122	335	190.0	33.8	786.1	136.4

4）鳊

2011~2020 年共测量了 223 尾鳊的体长和体重，个体体长范围 140~422 mm、平均体长 268.7 mm，体重范围 51.8~1 355 g、平均体重 389.4 g（表 3.12）。捕捞个体的规格在不同年份表现出差异，最小和最大规格均在增大，尾均体长和体重也在增大，表明宜昌至荆州江段鳊的捕捞规格呈逐渐增大的趋势。

表 3.12 鳊个体规格年际变化

年份	测量尾数	体长最小值/mm	体长最大值/mm	平均体长/mm	体重最小值/g	体重最大值/g	平均体重/g
2011	64	144	264	203.9	90.6	276.1	214.7
2012	36	165	318	259.5	51.8	564.7	309.3
2013	15	212	348	277.5	115.9	879.8	397.8
2014	6	140	299	249.2	99.8	451.6	317.3
2015	13	152	274	212.7	63.9	353.6	187.8
2016	12	230	400	303.9	212.8	948.1	510.3
2017	25	228	340	290.9	174.9	781.2	414.3
2018	44	165	400	233	73.9	1 250.0	229.1
2019	5	329	422	366.6	631.4	1 355.0	886.4
2020	3	275	304	289.7	323.0	505.9	426.6

5）圆筒吻鮈

2011～2020 年共测量了 382 尾圆筒吻鮈的体长和体重，个体体长范围 94～302 mm、平均体长 208.1 mm，体重范围 12.3～344.7 g、平均体重 108.3 g（表 3.13）。捕捞个体的规格在不同年份表现出差异，体长和体重范围在缩小、可捕群体数量在逐渐减少，表明宜昌至荆州江段圆筒吻鮈的种群结构趋于简单、种群规模呈下降趋势。

表 3.13 圆筒吻鮈个体规格年际变化

年份	测量尾数	体长最小值/mm	体长最大值/mm	平均体长/mm	体重最小值/g	体重最大值/g	平均体重/g
2011	155	107	265	182.3	14.3	186.6	67.4
2012	98	130	298	199.9	19.1	281.5	90.2
2013	52	111	302	252.3	36.6	344.7	200.9
2014	24	94	291	196.5	12.3	299.5	91.3
2015	33	134	223	183.8	29.4	123.2	74.7
2016	3	194	231	208.3	82.1	125.6	96.7
2017	1	—	—	196.0	—	—	100.9
2018	0	—	—	—	—	—	—
2019	8	188	285	235.5	68.3	238.9	145.1
2020	8	196	240	218.0	77.6	164.2	107.4

6）银鮈

2011～2020 年共测量了 344 尾银鮈的体长和体重，个体体长范围 77～381 mm、平均体长 188.0 mm，体重范围 8.1～736 g、平均体重 125.5 g（表 3.14）。捕捞个体的规格在不同年份表现出差异，最小和最大规格均在增大，尾均体长和体重也在增大，表明宜昌至荆州江段银鲴的捕捞规格呈逐渐增大的趋势。

表 3.14　银鲴个体规格年际变化

年份	测量尾数	体长最小值/mm	体长最大值/mm	平均体长/mm	体重最小值/g	体重最大值/g	平均体重/g
2011	93	77	381	140.8	8.1	736.0	60.6
2012	9	113	172	129.9	23.4	91.6	39.8
2013	54	140	223	178.1	50.3	175.5	100.7
2014	4	187	233	210.3	102.5	205.8	134.9
2015	5	148	222	188.0	60.1	205.7	113.9
2016	6	142	282	211.5	69.1	416.7	185.7
2017	138	153	306	186.5	56.2	536.5	102.6
2018	7	146	209	180.3	41.7	150.2	92.0
2019	19	156	265	207.3	77.7	366.4	169.1
2020	9	220	335	247.0	155.9	641.4	255.4

4. 群落多样性

对 2013~2015 年、2017~2018 年采自监利江段的渔获物数据，采用多样性指数和多元统计方法分析了该江段的鱼类群落结构。鱼类多样性指数的年际变化显示，2013 年、2014 年、2015 年和 2017 年，长江监利江段的辛普森多样性指数和皮卢均匀性指数变化很小（图 3.6），香农-维纳多样性指数和马加莱夫丰富度指数变动较大，2018 年指数值比其他年度指数值均高。总体来看，监利江段鱼类群落的多样性、丰富度维持在一个较高的水平，但优势度指数较低。

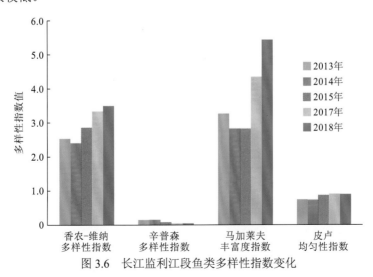

图 3.6　长江监利江段鱼类多样性指数变化

3.2　三峡坝下产漂流性卵鱼类早期资源现状

3.2.1　种类组成

2011~2020 年，每年在沙市江段设点开展漂流性卵鱼类早期资源调查。采集的鱼卵样品，培育孵化后主要采用形态学方法鉴定物种，采集的仔稚鱼样品采用分子学方法鉴定物种。据统计，调查到各类鱼卵和仔稚鱼共计 50 种，其中典型的产漂流性卵鱼类有 25 种。仅采集到鱼卵的种类有中华沙鳅、中华花鳅和拟鳘 3 种，仅采集到仔稚鱼的种类有中华鳑鲏、长吻鮠、沙塘鳢和马口鱼 4 种。根据年度出现率，贝氏䱗、银鲴、飘鱼、寡鳞飘鱼、赤眼鳟、鳊、蒙古鲌、翘嘴鲌、鳡、银鮈、草鱼、鲢、蛇鮈、铜鱼、吻鮈、花斑副沙鳅是沙市江段产漂流性卵鱼类的重要组成部分。根据采集的相对丰度得出，鱼卵优势种包括贝氏䱗、银鲴、花斑副沙鳅和翘嘴鲌；仔稚鱼优势种包括寡鳞飘鱼、飘鱼和贝氏䱗。

3.2.2　总体丰度

统计了 2012~2020 年监测期间的鱼卵和仔稚鱼总径流量，如图 3.7 所示。鱼卵径流量变动范围 110 亿~1 148 亿粒/年、平均值 403.5 亿粒/年；仔稚鱼径流量变动范围 75 亿~8 325 亿尾/年、平均值 2 209.3 亿尾/年。卵和仔稚鱼丰度在年际呈不规则波动变化，总体来看，2017 年以前丰度整体偏低，2018 年以来丰度均维持在较高水平。

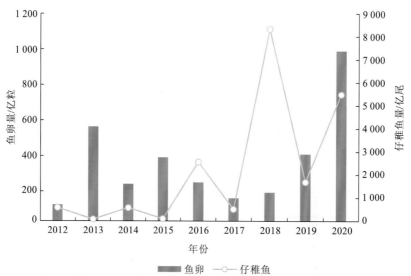

图 3.7　2012~2020 年沙市江段鱼卵、仔稚鱼资源量变化

3.2.3　主要种类繁殖规律

1. 产卵规模

由于部分种类在外形上具有相似特征，不易区分，统计产卵规模（鱼卵径流量）时按照不同类群进行了合并计算。具体包括家鱼类、鳊鲌类、飘鱼类、鲴类、银鮈、鳘类、蛇鮈类、鳅类。2012～2020 年不同类群鱼类产卵规模的年际变化，如图 3.8 所示。

家鱼类（四大家鱼、赤眼鳟）产卵规模范围为 1.27 亿～104.00 亿粒，年平均值 16.62 亿粒；鳊鲌类（翘嘴鲌、蒙古鲌、鳊）产卵规模范围为 0.23 亿～402.00 亿粒，年平均值 65 亿粒；飘鱼类（寡鳞飘鱼、飘鱼）产卵规模范围为 0.002 亿～27.60 亿粒，年平均值 9.39 亿粒；鲴类（银鲴、细鳞鲴、黄尾鲴）产卵规模范围为 0.26 亿～27.70 亿粒，年平均值 8.13 亿粒；银鮈产卵规模范围为 31.2 亿～201.0 亿粒，年平均值 82.80 亿粒；鳘类产卵规模范围为 4.09 亿～188.00 亿粒，年平均值 55.96 亿粒；蛇鮈类（蛇鮈、鳅蛇）产卵规模范围为 2.96 亿～8.59 亿粒，年平均值 5.44 亿粒；鳅类（副沙鳅、犁头鳅、薄鳅等）产卵规模范围为 4.68 亿～93.30 亿粒，年平均值 24.72 亿粒。除了飘鱼类、鲴类的产卵规模年际变动较大，蛇鮈类产卵规模相对稳定之外，家鱼类、鳊鲌类、银鮈、鳘类、鳅类等几个类群的产卵规模呈逐渐增加的趋势。

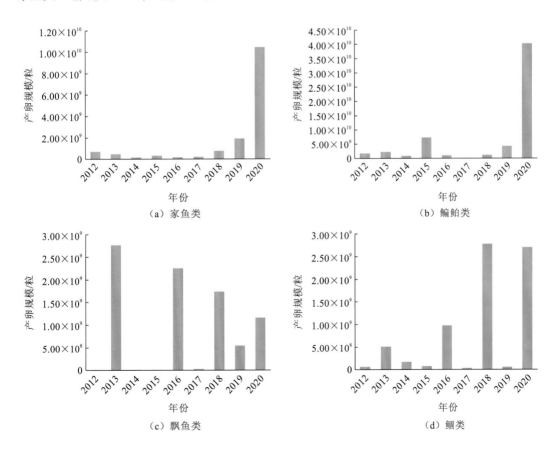

（a）家鱼类　　　（b）鳊鲌类

（c）飘鱼类　　　（d）鲴类

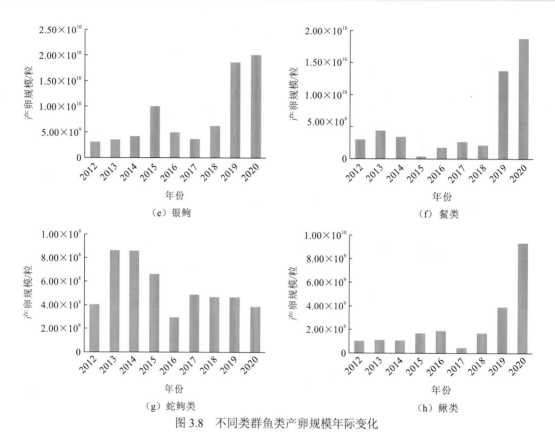

图 3.8　不同类群鱼类产卵规模年际变化

2. 繁殖时间

统计了逐年鱼类繁殖高峰的主要时间段，见表 3.15。根据鱼卵丰度逐日变化过程，沙市江段鱼类产卵发生时期主要集中在 5～6 月，7 月份以后随着江河流量大幅增加，鱼卵逐渐减少、逐渐进入仔鱼高峰。部分年份也有例外的情况，如 2017～2020 年的 7 月初，仍然出现了鱼卵高峰，这是由于 5～6 月江河流量整体偏低，导致了鱼类繁殖高峰的延迟。

表 3.15　2012～2020 年宜昌至沙市江段鱼类繁殖时间

监测年份	鱼卵高峰时间					
2012	5 月 19～22 日	5 月 29～31 日	6 月 27～28 日	—	—	—
2013	5 月 15～17 日	5 月 27～28 日	6 月 6～12 日	6 月 24～26 日	—	—
2014	5 月 21～26 日	6 月 3～7 日	6 月 20～25 日	7 月 3～5 日	7 月 11～12 日	—
2015	5 月 28～30 日	6 月 2～4 日	6 月 8～11 日	6 月 15～18 日	6 月 26～27 日	—
2016	5 月 26～27 日	6 月 1～2 日	6 月 6～7 日	6 月 21～22 日	6 月 27～28 日	7 月 7～8 日
2017	5 月 20～24 日	6 月 6～11 日	6 月 13～15 日	6 月 23～30 日	7 月 8～10 日	—
2018	5 月 18～21 日	5 月 24～26 日	6 月 30 日	7 月 4～5 日	—	—
2019	5 月 17～19 日	5 月 26～29 日	6 月 6～7 日	6 月 18～19 日	6 月 24～25 日	7 月 1 日
2020	6 月 14 日	6 月 19～21 日	6 月 29～30 日	7 月 3～7 日	7 月 11～12 日	—

3. 产卵场分布

沙市江段监测的主要产漂流性卵鱼类包括：四大家鱼、赤眼鳟、鳡、鳊、银鲴、翘嘴鲌、吻鮈、犁头鳅等十余种。根据监测数据统计，大部分种类的发育期为眼囊到心脏搏动之间的阶段，反推大部分鱼卵的漂流时长为 12～30 h。按照江段平均流速 1 m/s 计算，产漂流性卵鱼类的产卵场广泛分布于沙市断面以上 36～112 km 的范围，主要分布在江口和董市江段，鱼卵规模占到 80%以上，枝城和宜都江段也有小规模分布（图 3.9）。产卵场具有如下生境特征：河道弯曲、宽窄相间，两岸或中心有洲滩，岸线开发不发达，无船舶等人为干扰。

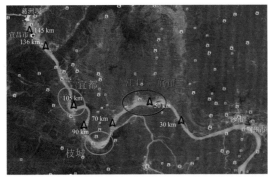

图 3.9 产漂流性卵鱼类产卵场分布及生境

3.2.4 四大家鱼自然繁殖

1. 种类组成

2011～2020 年，四大家鱼（草鱼、鲢、青鱼、鳙）在不同年份的组分比例，如图 3.10 所示。草鱼的数量占四大家鱼年度总量的比例为 38.51%～71.41%，鲢为 6.67%～60.72%，青鱼为 0.00～44.44%，鳙为 0.00～9.00%。草鱼和鲢是主要的优势种类，青鱼的丰度在年际波动很大，鳙的丰度一直最小。

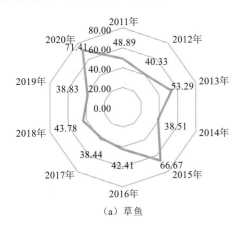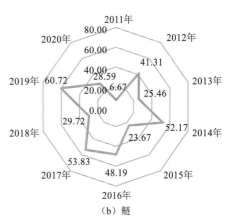

（a）草鱼　　　　　　　　　　　　　　（b）鲢

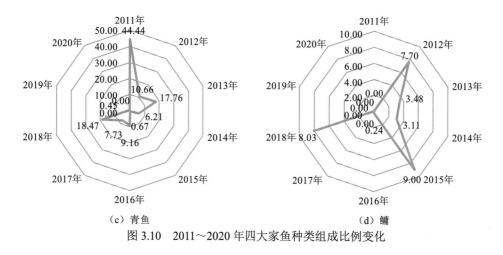

（c）青鱼　　　　　　　　　　　　　（d）鳙

图 3.10　2011～2020 年四大家鱼种类组成比例变化

2. 产卵规模

2011～2020 年，估算沙市断面四大家鱼鱼卵径流量共计 48 亿粒。如图 3.11 所示，2011 年仅采集 1 个月，产卵规模最低。其他年份中，产卵规模偏低的包括 2013～2015 年、2017 年、2018 年，鱼卵径流量均不大于 3 亿粒。产卵规模较高的包括 2012 年、2016 年、2019～2020 年，鱼卵径流量均大于 5 亿粒，其中 2020 年达到 20.22 亿粒，明显高于其他年份。

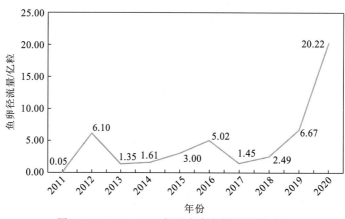

图 3.11　2011～2020 年四大家鱼繁殖规模动态

3. 繁殖时间

根据逐日采集到鱼卵的时间及其发育期可以大致推算四大家鱼繁殖时间。如图 3.12 所示，2012～2020 年家鱼繁殖的起始时间一般在 5 月中旬前后，其中，2014 年、2015 年连续两年繁殖起始时间都推迟到 6 月初。繁殖季节可持续到 7 月上旬，其中，2017 年持续时间最长，有 54 d，2015 年持续时间最短，仅有 24 d。

4. 繁殖频次

根据图 3.12 统计结果，四大家鱼繁殖时间多起始于 5 月中下旬，结束于 7 月中旬，每年持续大约 2 个月。不同于其他年份，2014 年和 2015 年首次采集到四大家鱼卵的时间偏晚，推迟到 6 月初。从各年份统计的繁殖频次来看（图 3.13），2012～2014 年均为 5 次，2016～2018 年均为 6 次，2019～2020 年达到 7 次。个别例外的情况，2015 年仅监测到 3 次，可能是由于采样的方法和频次不同导致采集的鱼卵偏少。从繁殖频次来看，2016 年以来四大家鱼自然繁殖状况有向好趋势，与该阶段繁殖规模持续上升的结果是一致的（图 3.11）。

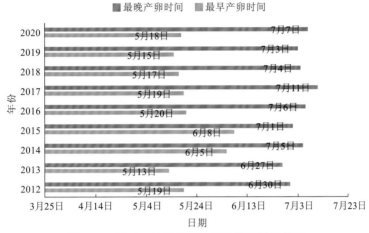

图 3.12　2012～2020 年四大家鱼繁殖时段推算

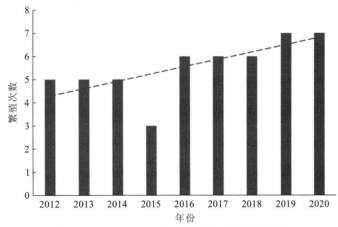

图 3.13　2012～2020 年四大家鱼年度繁殖次数

5. 产卵场分布

通过鱼卵发育期及江段平均流速推算的产卵场位置存在不确定的问题，一般采集到鱼卵的发育期越晚，说明漂流距离越长，其估算结果越不精确，所以为了提高产卵场估算的精度，心脏搏动期之后的鱼卵将不纳入估算。通过沙市江段多年监测得出，四大家鱼产卵场范围包括宜都至沙市之间约 100 km 江段，产卵场位置包括沙市、涴市、江口、董市、松滋河口、枝城和宜都产卵场（图 3.14）。按照 10 km 组距划分，统计不同产卵场的出现频次，如图 3.15 所示。产卵场主要分布在沙市断面以上 40～80 km 江段，其中 40～60 km 江段出现率较高，表明江口至董市江段是比较重要的产卵场。

图 3.14　长江中游宜都至沙市江段四大家鱼产卵场分布

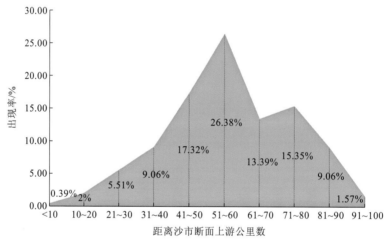

图 3.15　历年统计的四大家鱼产卵场范围分布频率

第4章

促进不同产卵类型鱼类自然繁殖的生态调度需求

水生生物资源保护是水库实施生态调度的重要目标，鱼类是水生生物的重要组成部分。掌握目标鱼类关键生活史阶段的适宜生境需求，获取目标鱼类的生态调度参数和方式，是实现水库生态调度方案化、进而执行生态调度试验的关键环节。本章内容包括两个部分：一是分析三峡水库调度运行对库区产黏沉性卵鱼类自然繁殖的影响，研究提出鲤、鲫等产黏沉性卵鱼类产卵孵化的生境需求，并结合库区水位波动特征，提出了促进库区支流鲤、鲫自然繁殖的三峡水库生态调度方式；二是分析三峡水库调度运行对坝下四大家鱼自然繁殖的影响，研究提出四大家鱼自然繁殖的生态水文需求，采用栖息地模拟法求解四大家鱼产卵期的生态流量，提出了促进四大家鱼自然繁殖的"人造洪峰"条件。

4.1　三峡库区产黏沉性卵鱼类自然繁殖的生态调度需求

4.1.1　三峡水库调度运行对库区产黏沉性卵鱼类自然繁殖的影响

1. 三峡库区仔稚鱼群落结构变化

通过主成分分析法（principal component analysis，PCA）研究 2019～2020 年 3～6 月采样期间三峡库区 6 条支流回水区江段产黏沉性卵鱼类仔稚鱼的群落结构，根据采样月份、采样河流及采样工具差异梯度的变动特征，辨识产黏沉性卵鱼类仔稚鱼的群落结构在不同月份间、不同采样河流间以及不同采样网具间的差异。基于 PCA 分析结果，采用相似性分析（analysis of similarities，ANOSIM）检验库区 6 条支流产黏沉性卵鱼类仔稚鱼的群落结构在不同月份间、不同采样河流间以及不同采样网具间是否存在显著性的差异；基于统计显著性的结果，采用相似性百分比分析（similarity percentage analysis，SIMPER）确定引起仔稚鱼群落结构显著差异的主要种类及其差异贡献率。

1）不同月份间差异

PCA 结果显示：前 5 轴（PC1～PC5）一共能够解释三峡库区 6 条支流产黏沉性卵鱼类仔稚鱼群落结构 85.10% 的变异，其中轴 1（PC1）和轴 2（PC2）一共能够解释 62.66% 的变异（图 4.1）。主成分 1 至 5（PC1～PC4）的特征值分别为 0.804、0.666、0.276、0.250 和 0.144，其能够解释的百分比分别为 34.28%、28.38%、11.78%、10.66% 和 6.16%。PC1

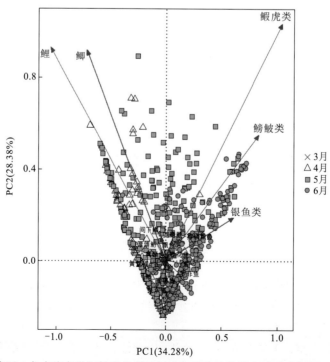

图 4.1　三峡库区 6 条支流产黏沉性卵鱼类的仔稚鱼群落结构的主成分分析图（按月份分组）

主要反映鲤、鲫、虾虎类、鳑鲏类和银鱼类仔稚鱼的密度变动；PC2 主要反映虾虎类、飘鱼和间下鱵仔稚鱼的密度变动；PC3 主要反映寡鳞飘鱼、飘鱼和餐仔稚鱼的密度变动；PC4 主要反映麦穗鱼、棒花鱼和泉水鱼的密度变动；PC5 主要反映宽鳍鱲和马口鱼仔稚鱼的密度变动（图 4.2）。对前两个主成分变异贡献率重要的种类共有 7 种，分别为鲤、鲫、虾虎类、鳑鲏类、银鱼类、飘鱼和间下鱵（图 4.3）。

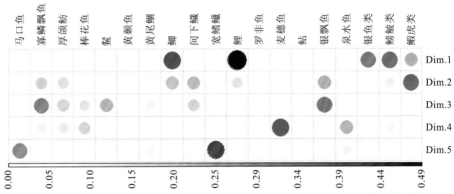

图 4.2　不同仔稚鱼种类被不同主成分轴代表的质量（或程度）（Dim.1-5 表示主成分 1-5）

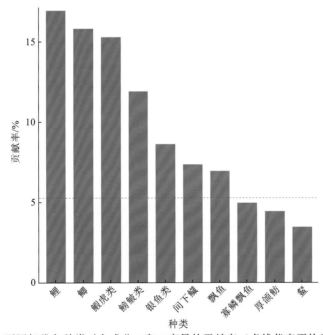

图 4.3　不同仔稚鱼种类对主成分 1 和 2 变异的贡献率（虚线代表平均贡献率）

对 PCA 结果按月分组（表 4.1）可知：三峡库区 6 条支流产黏沉性卵鱼类的仔稚鱼群落结构呈现明显的月份间变异，不同仔稚鱼种类的密度在月份间存在明显的差异，其中鲤、鲫仔稚鱼在 3～5 月的密度通常高于其在 6 月的密度，鲤、鲫的仔稚鱼通常在 3～5 月集中或大量出现，而虾虎类、鳑鲏类和银鱼类的仔稚鱼通常在 6 月集中或大量出现。就仔稚鱼被采集到的时间顺序而言，鲤、鲫在 3～4 月最先被采集到，随后间下鱵、厚颌鲂、虾虎类、鳘鲏类在 4 月陆续被采集到；鲇、黄颡鱼、马口鱼、宽鳍鱲和银鱼在 5 月以后陆续被采集到。

表 4.1　引起不同月份间仔稚鱼群落结构差异的主要种类组成及其贡献率

（丰度单位：ind./100 m³）

月份比较	统计参数	鲤	鲫	鰕虎类	鳘鲏类	银鱼类	寡鳞飘鱼
3 月和 4 月	3 月平均丰度	0.02	0.11	0	—	—	—
	4 月平均丰度	1.92	1.01	0.45	—	—	—
	贡献率/%	56.62	23.37	12.61	—	—	—
4 月和 5 月	4 月平均丰度	1.92	1.01	0.45	0.12	0	—
	5 月平均丰度	1.40	1.00	1.40	0.66	0.48	—
	贡献率/%	33.49	19.00	21.24	10.2	6.15	—
5 月和 6 月	5 月平均丰度	1.4	1.00	1.4	0.66	0.48	0.16
	6 月平均丰度	0.10	0.18	1.47	1.02	0.79	0.27
	贡献率/%	18.72	12.61	27.13	17.15	13.07	3.90

ANOSIM 检验显示三峡库区 6 条支流产黏沉性卵鱼类仔稚鱼的群落结构在不同月份间存在显著性的差异（全局 $R = 0.144$，$p = 0.10\%$，迭代次数 999）。引起仔稚鱼群落结构在不同月份间的主要种类组成及其差异贡献率如表 4.1 所示，其中鲤、鲫和鰕虎类仔稚鱼密度的差异是导致 3 月和 4 月仔稚鱼群落结构差异的主要种类，这 3 种鱼类贡献了 92.6%的变异；鲤、鲫、鰕虎类、鳘鲏类和银鱼类是导致 4 月和 5 月仔稚鱼群落结构差异的主要种类，这 5 种（类）鱼类贡献了 90.08%的变异；鲤、鲫、鰕虎类、鳘鲏类、银鱼类和寡鳞飘鱼是导致 5 月和 6 月仔稚鱼群落结构差异的主要种类，这 6 种（类）鱼类贡献了 92.58%的变异。

2）不同河流间差异

对 PCA 结果按采样河流分组可知（图 4.4）：三峡库区 6 条支流产黏沉性卵鱼类的仔稚鱼群落结构在不同采样河流间呈现明显的差异性。与其他河流相比，小江能够采集到更多的鲤、鲫仔稚鱼，磨刀溪能够采集到更多的鲤、鲫仔稚鱼和间下鱵仔稚鱼，香溪河能够采集到更多的鳘鲏类仔稚鱼，大宁河能够采集到更多银鱼类仔稚鱼。此外，在各个河流均在特定时间内采集到较多数量的鰕虎类仔稚鱼。

ANOSIM 检验显示三峡库区 6 条支流产黏沉性卵鱼类仔稚鱼的群落结构在不同采样河流间存在显著性的差异（全局 $R = 0.191$，$p = 0.10\%$，迭代次数 999）。引起仔稚鱼群落结构在不同采样河流间的主要种类组成及其差异贡献率如表 4.2 所示，其中鲤、鳘鲏类、银鱼类、鰕虎类和鲫仔稚鱼日密度的差异是导致龙溪河和乌江以及乌江和小江仔稚鱼群落结构差异的主要种类，这 5 种（类）鱼类分别贡献了 93.04%和 95.26%的变异；鲤、鳘鲏类、鰕虎类、鲫、寡鳞飘鱼和间下鱵是导致小江和磨刀溪仔稚鱼群落结构差异的主要种类，这 6 种（类）鱼类贡献了 91.4%的变异；鲤、鰕虎类、银鱼类、间下鱵和寡鳞飘鱼是导致磨刀溪和大宁河仔稚鱼群落结构差异的主要种类，这 5 种（类）鱼类贡献了 90.58%的变异；

鲤、鰕虎类、鳊鲌类、银鱼类和间下鱵鱼是导致大宁河和香溪河仔稚鱼群落结构差异的主要种类，这 5 种（类）鱼类贡献了 92.97% 的变异。

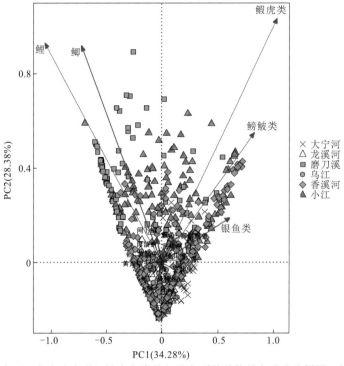

图 4.4　三峡库区 6 条支流产黏沉性卵鱼类的仔稚鱼群落结构的主成分分析图（按月份分组）

表 4.2　引起不同采样河流间仔稚鱼群落结构差异的主要种类组成及其贡献率

（丰度单位：ind./100 m³）

河流比较	统计参数	鲤	鳊鲌类	银鱼类	鰕虎类	鲫	寡鳞飘鱼	间下鱵
龙溪河和乌江	龙溪河平均丰度	0.83	0.32	0.04	0.15	0.08	—	—
	乌江平均丰度	0.51	0.19	0.43	0.07	0.12	—	—
	贡献率/%	40.86	21.80	13.16	8.70	8.52		
乌江和小江	乌江平均丰度	0.51	0.19	0.43	0.07	0.12	—	—
	小江平均丰度	1.41	0.89	0.55	2.11	1.49	—	—
	贡献率/%	21.05	12.28	10.62	30.07	21.24		
小江和磨刀溪	小江平均丰度	1.41	0.89	—	2.11	1.49	0	0
	磨刀溪平均丰度	2.79	0.12	—	1.80	2.41	1.28	0.79
	贡献率/%	24.54	7.31	—	20.54	21.24	11.36	6.47
磨刀溪和大宁河	磨刀溪平均丰度	2.79	—	0.19	1.80	—	2.41	1.28
	大宁河平均丰度	0.09	—	1.27	1.53	—	0.11	0
	贡献率/%	26.94	—	10.93	19.51	—	21.31	11.89

河流比较	统计参数	鲤	鲌鲏类	银鱼类	鰕虎类	鲫	寡鳞飘鱼	间下鱵
大宁河和香溪河	大宁河平均丰度	0.09	0	1.27	1.53	—	—	0.02
	香溪河平均丰度	0.90	1.64	0.48	1.44	—	—	0.29
	贡献率/%	17.85	18.83	18.82	31.67	—	—	5.80

3）不同采样网具差异

对 PCA 结果按采样网具类型分组可知：三峡库区 6 条支流产黏沉性卵鱼类的仔稚鱼群落结构在不同采样网具间呈现明显的差异，手抄网更多的采集到鲤、鲫、间下鱵和厚颌鲂仔稚鱼，而拖网能够采集到更多的鰕虎类、鲌鲏类和银鱼类仔稚鱼（图 4.5）。ANOSIM 检验显示三峡库区 6 条支流产黏沉性卵鱼类仔稚鱼的群落结构在不同采样网具间存在显著性的差异（全局拟合度 $R = 0.174$，概率 $p = 0.10\%$，迭代次数 999）。

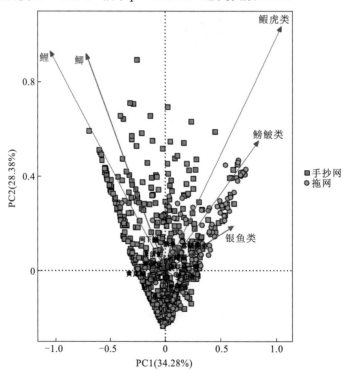

图 4.5　三峡库区 6 条支流产黏沉性卵鱼类的仔稚鱼群落结构的主成分分析图

（按采样网具类型分组）

2. 影响仔稚鱼群落结构变化的关键因子

使用常规的冗余分析（redundancy analysis，RDA）方法分析采样或生境因子（River 为采样河流；NT 为采样网具类型；ST 为底质类型；Weather 为采样时的天气；WL 为采样时的水位；WT 为采样时的水温；DO 为采样时的溶解氧含量；pH 为采样时的 pH）与产黏沉性卵鱼类仔稚鱼群落结构的关系。

RDA 属于约束排序方法，其是响应变量矩阵与解释变量矩阵之间多元多重线性回归的拟合值矩阵的主成分分析，也是多响应变量（multi-response）回归分析的拓展。在生态学数据分析中常使用 RDA，将物种组成的变化分解为与环境变量相关的变差（variation，约束/典范轴承载），用以探索群落物种组成受环境变量约束的关系。RDA 以前，采用典范对应分析（canonical correspondence analusis，CCA）确定使用 RDA 模型是否合适，采用方差膨胀系数（variance inflation factor，VIF）确定预测因子的共线性。进行 RDA 时，对不同预测因子进行变差分解（variation partitioning，VP），以确定不同预测因子在解释产黏沉性卵鱼类仔稚鱼群落结构变动的能力。PCA、CCA、VIF、VP 和 RDA 通过调用 R 语言中相关软件包实现。

VIF 分析未发现 8 个采样或环境变量之间存在明显的共线性（VIF 值的范围为 1.050～1.855），因此可以在 RDA 中使用这 8 个选定的变量进行生物-非生物因子关系分析。通过变量的正向选择，选择这 8 个变量作为预测变量时，获得的 RDA 模型的 AIC 值最小。最终的 RDA 模型在统计学上是显著的（$F=36.754$，$p=0.001$），没有明显的共线性，具有 4 个显著的规范轴（RDA1：$F=196.245$，$p=0.001$；RDA2：$F=65.786$，$p=0.001$；RDA3：$F=20.367$，$p=0.001$；RDA4：$F=8.591$，$p=0.001$）。所选的 8 个变量与 6 条支流所有采样点仔稚鱼日密度的时空变动显著相关（River，$F=139.811$，$p=0.001$；NT，$F=4.461$，$p=0.004$；ST，$F=14.937$，$p=0.001$；Weather，$F=36.574$，$p=0.001$；WL，$F=22.969$，$p=0.001$；WT，$F=45.072$，$p=0.001$；DO，$F=10.319$，$p=0.001$；pH，$F=19.893$，$p=0.001$）。8 个变量共同解释了总变量的 30.22%（调整后的 $R^2=0.302$），前三个规范轴共同解释了数据总方差的 27.02%，第一个轴单独解释了 17.84%（图 4.6）。RDA1 轴主要反映采样网具类型（NT）

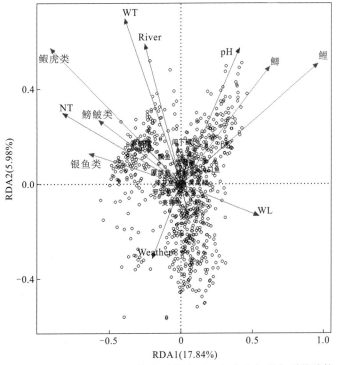

图 4.6　使用冗余分析模型分析采样或环境变量与库区 6 条支流仔稚鱼群落结构变动的三序图

的差异以及不同采样时水位（WL）的变动；RDA2 轴主要反映不同采样时水温（WT）和 pH 的变动以及不同采样河流的差异；RDA3 轴主要反映采样时溶解氧（DO）的变动；RDA4 轴主要反映不同采样时底质类型（ST）的差异。

鳑鲏类、鰕虎类和银鱼类分布在三序图的最左侧，这不仅与较高的水温、较低的水位和溶解氧含量有关，而且也与使用拖网（NT 变量，1 代表手抄网，2 代表拖网）这一采样工具显著相关；间下鱵的密度变动与所采样的河流差异明显相关；鲤、鲫分布在三序图的最右侧，其不仅与较高的溶解氧、pH 以及较低的水位密切相关，而且也与采样时天气为晴天密切相关（Weather 变量最小值为 1，代表晴天；最大值为 3，代表阴天）（图 4.6）。

VP 显示：水质变量和采样网具类型变量具有较强的对三峡库区 6 条支流仔稚鱼群落结构变动解释的能力，而其他变量的解释能力均较低，表明水温、溶解氧含量等水质特征以及使用不同的网具类型能够决定三峡库区 6 条支流仔稚鱼的时空变动特征（图 4.7）。

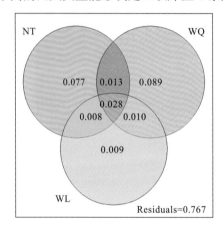

（a）NT、WQ、WL对仔稚鱼群落结构变动解释的变异程度

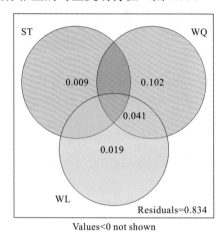

（b）ST、WQ、WL对仔稚鱼群落结构变动解释的变异程度

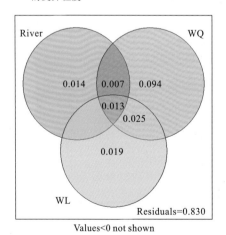

（c）River、WQ、WL对仔稚鱼群落结构变动解释的变异程度

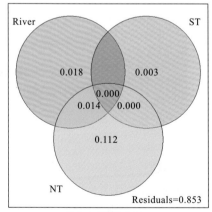

（d）River、ST、NT对仔稚鱼群落结构变动解释的变异程度

图 4.7　不同采样或环境因子解释三峡库区 6 条支流仔稚鱼群落结构变动的变差分解图

（NT-网具类型；WQ 代表水质状况，包含水温、溶解氧和 pH 变量；WL-水位；River-河流；ST-底质类型；Residuals-残差；Vales-值；not shown-不显示）

3. 库区干支流水位波动特征

1）干流历年水位变动规律

根据 2011～2019 年三峡水库坝前水位监测数据，3 月底或 4 月初水位，从 175 m 消落到 160 m 的天数通常为 100 d，因此这段时间为三峡水库水位消落相对缓慢的时期（日均水位消落约 0.15 m）；从 3 月底或 4 月初到 4 月中旬通常为三峡水库水位上升期，在此期间水位回升到 163～167 m；到 6 月上旬时，水位通常已消落到 145 m，从 4 月中旬末到 6 月上旬为三峡水库水位快速消落期（日均水位消落在 0.30 m 以上）（图 4.8），因此 4 月下旬至 6 月上旬是三峡库区水位快速消落对沿岸带基质上产卵孵化鱼类自然繁殖影响的关键时期。

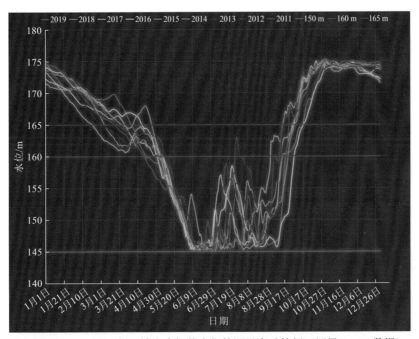

图 4.8　2011～2019 年三峡水库坝前水位的逐日变动特征（逐日 8：00 数据）

2）典型支流水位变动特征

据统计，2019 年 3～5 月（6 月已处于洪水季节，水位波动明显，不予考虑），三峡库区 4 条典型支流（香溪河、大宁河、小江和乌江）回水区江段连续 2 日的水位波动范围为 -1.72～2.06 m，平均值为 0.42 m，其中 3 月份各支流回水区江段的水位波动范围为 -0.30～0.77 m，平均值为 0.23 m；4 月份各支流回水区江段的水位波动范围为 -0.11～0.98 m，平均值为 0.42 m；5 月份各支流回水区江段的水位波动范围为 -1.72～2.06 m，平均值为 0.60 m，表明 5 月份是 3～5 月水位波动最为剧烈的月份[图 4.9（a）]。

2019 年 3～5 月，三峡库区 4 条典型支流（香溪河、大宁河、小江和乌江）回水区江段连续 5 日的水位波动范围为 -1.07～3.72 m，平均值为 1.09 m，其中 3 月份各支流回水区江段的水位波动范围为 -0.56～1.76 m，平均值为 0.63 m；4 月份各支流回水区江段的水位波动范围为 0.04～2.03 m，平均值为 1.04 m；5 月份各支流回水区江段的水位波动范围为-1.07～3.72 m，平均值为 1.61 m，同样表明 5 月是 3～5 月水位波动最为剧烈的月份[图 4.9（b）]。

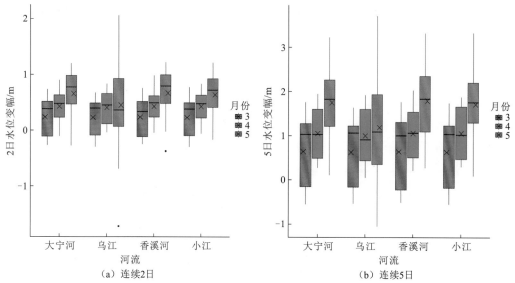

（a）连续2日　　　　　　　　　　　　（b）连续5日

图 4.9　2019 年 3～5 月三峡库区 4 条典型支流连续 2 日和连续 5 日的水位波动

（负值表示水位上升，而正值表示水位下降）

2020 年 3～5 月，三峡库区 4 条典型支流（香溪河、大宁河、小江和乌江）回水区江段连续 2 日的水位波动范围为-0.34～1.04 m，平均值为 0.38 m，其中 3 月份各支流回水区江段的水位波动范围为-0.34～0.42 m，平均值为 0.16 m；4 月份各支流回水区江段的水位波动范围为-0.15～1.02 m，平均值为 0.49 m；5 月份各支流回水区江段的水位波动范围为-0.25～1.04 m，平均值为 0.48 m，表明 4～5 月是 3～5 月水位波动最为剧烈的月份[图 4.10（a）]。

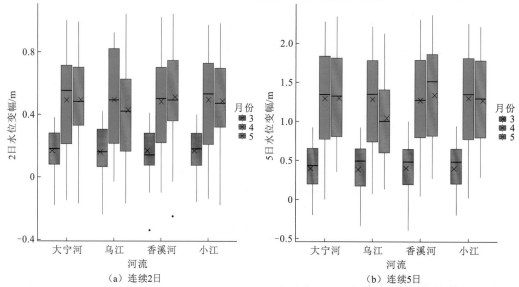

（a）连续2日　　　　　　　　　　　　（b）连续5日

图 4.10　2020 年 3～5 月三峡库区 4 条典型支流连续 2 日和连续 5 日的水位波动

（负值表示水位上升，而正值表示水位下降）

2020 年 3～5 月，三峡库区 4 条典型支流（香溪河、大宁河、小江和乌江）回水区江段连续 5 日的水位波动范围为-0.40～2.36 m，平均值为 0.97 m，其中 3 月份各支流回水区江段的水位波动范围为-0.40～1.00 m，平均值为 0.39 m；4 月份各支流回水区江段的水位波动范围为-0.00～2.30 m，平均值为 1.28 m；5 月份各支流回水区江段的水位波动范围为 0.13～2.36 m，平均值为 1.23 m，也表明 4～5 月是水位波动最为剧烈的月份[图 4.10（b）]。

4.1.2　三峡库区产黏沉性卵鱼类产卵孵化的生境需求

1. 适宜水深和孵化时间

2020 年 4～7 月在磨刀溪开展人工鱼巢试验，测量鱼卵黏附于人工鱼巢基质上的最大水深，并统计鱼卵黏附在基质上的最大水深的分布情况。试验结果表明，在 163 个人工鱼巢基质上观测到鱼卵黏附，鱼卵黏附在基质上的最大水深的分布范围为 20～80 cm，平均值为 54 cm，其中 41～50 cm 水深观测到鱼卵黏附的次数最多，其次为 51～60 cm，再其次为 31～40 cm，基质水深大于 80 cm 时没有观测到鱼卵黏附（图 4.11）。经鉴定黏附的鱼卵种类为鲫、鲤和间下鱵，其中鲤的数量最多，占 97.57%，其次是鲫，占 2.27%，间下鱵的数量最少，仅占 0.15%，上述试验表明鲤、鲫和间下鱵的适宜产卵水深为 41～60 cm。

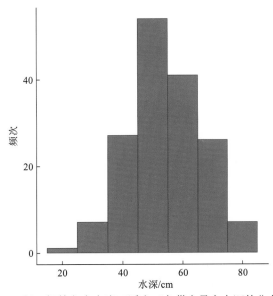

图 4.11　鲤、鲫等鱼卵在磨刀溪人工鱼巢上最大水深的分布情况

鲤、鲫产卵高峰期在磨刀溪的原位观测试验结果显示，当水温处于 23.1～27.2 ℃时，鲤的孵出时间为 42～51 h，鲫的孵出时间为 40～49 h。鲤、鲫鱼卵孵化出膜 3～4 d 后，其

具有一定的平游能力。

2. 水位波动对鱼类产卵孵化的影响

根据 4.1.1 节分析，4～5 月是三峡库区干支流水位波动或下降最为明显的时期。此时处于鱼类的产卵期，在库区回水区江段静缓流生境产卵的产黏沉性卵鱼类包括鲤、鲫、间下鱵、花鲭、泥鳅、大鳞副泥鳅、飘鱼、寡鳞飘鱼、鳌、厚颌鲂、麦穗鱼、棒花鱼、鲇、黄颡鱼、光泽黄颡鱼、子陵吻鰕虎鱼、波氏吻鰕虎鱼、中华鳑鲏、高体鳑鲏、大鳍鱊、沙塘鳢等二十余种。上述鱼类中，重要的种质或经济鱼类包括鲤、鲫、鲇、黄颡鱼、花鲭、光泽黄颡鱼和厚颌鲂（这些鱼类均为黏草产卵鱼类），其他鱼类均为小型鱼类。

同时，人工鱼巢的原位试验显示鲤和鲫等是在沿岸带水草基质上产卵的鱼类种类，其最大产卵水深为 80 cm，适宜产卵水深为 40～60 cm（图 4.11）；鱼卵孵化的原位观测试验显示鲤、鲫的产卵孵化时间通常为 2 d，具有一定的平游能力时通常为鱼卵受精后 5～6 d。因此，就鱼卵孵化而言，如果连续 2 d 的水位下降超过 80 cm 时，就可能使鱼卵暴露在空气中因缺氧而死亡；就早期仔稚鱼存活而言，如果连续 5 d 的水位下降超过 80 cm，部分早期仔稚鱼很可能因缺乏主动游泳能力而滞留在沿岸带基质或与干流分离的浅水洼塘中。

水位波动分析显示，连续 2 d 水位下降 80 cm 主要发生在 4～5 月，而连续 5 d 水位下降 80 cm 则在 3～5 月均可能发生，其水位变动主要受三峡水库蓄水调度的影响。总之，三峡水库春、夏季水位的持续下降，在一定程度上会对鲤、鲫、鲇、间下鱵、鲇等黏草产卵鱼类鱼卵的孵化出膜以及早期仔稚鱼存活造成一定影响，且这种影响主要发生在 4～5 月。

4.1.3 促进三峡库区鲤和鲫自然繁殖的三峡水库调度运行方式

1. 调度时机

根据 2019～2020 年调查结果，三峡库区鲤和鲫的产卵高峰期在 4～5 月，鲤适宜产卵水温为 17～23℃，鲫为 22～25℃。根据三峡库区支流水温以及水位变动情况，建议生态调度应该在 4 月中旬至 5 月中旬实施。根据前期调查结果，鲤、鲫等浅水黏草产卵鱼类的产卵多发生在持续晴朗的天气条件下，故建议调度在阳光充足的晴天进行。

2. 水文条件

根据 2019～2020 年调查结果，考虑到鲤和鲫鱼卵孵化出膜约需 2 d，孵出到可以平游（鳔一室期）需 3～4 d，建议生态调度试验的持续时间应不少于 5 d，如条件允许可持续 6 d；生态调度期间水位总下降幅度应小于 80 cm，即生态调度实施 5 d 时每天水位下降幅度应小于 16 cm，生态调度实施 6 d 时每天水位下降幅度应小于 13 cm。

4.2　三峡坝下产漂流性卵鱼类自然繁殖的生态调度需求

4.2.1　三峡水库调度运行对坝下四大家鱼自然繁殖的影响

1. 三峡水库坝下水温变化

1）数据来源和方法

以宜昌水文站 1983～2013 年实测水温资料为基础，构建具有生态意义的 25 个水温参数，分析三峡水库蓄水后坝下水温的改变程度，水温数据来自 1983～2013 年宜昌水文站逐日水温实测资料。长江干流宜昌水文站位于葛洲坝坝下约 6 km，上距三峡大坝约 46 km，是三峡-葛洲坝梯级水库出库控制站，站点位置关系见图 4.12。由于三峡水库 2003 年开始蓄水，因此将 2003～2013 年 11 年资料作为三峡水库蓄水后系列，1983～2002 年 20 年资料作为蓄水前系列。

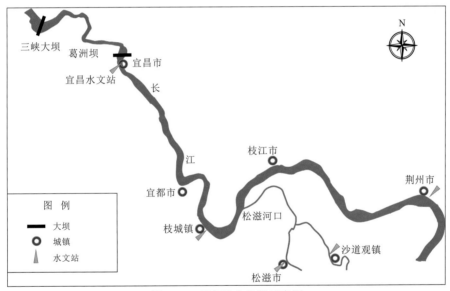

图 4.12　研究站点位置示意图

采用 Richter（1998）提出的变动范围法（range of variability approach，RVA），以 1983～2002 年 20 年不受三峡工程影响的水温资料为基础，首先定义 25 个水温改变参数的自然状态目标范围，计算目标范围的上下限，然后以 2003 年蓄水以来水温资料为基础，计算 25 个参数落在目标范围内的年数，以此来衡量水温改变参数的改变程度，其计算公式如下：

$$D = \frac{N_0 - N_e}{N_e} \times 100\% \tag{4.1}$$

式中：D 为水温改变度；N_0 为计算年数，指蓄水后水温改变参数实际落在目标范围内的年数；N_e 为期望年数，指蓄水后预期落在自然状态目标范围内年数。D 值为正值说明蓄水后落入目标范围计算年数大于期望年数，D 为负值则计算年数小于期望年数。为判断水温改变程度，D 值的绝对值处于 0～33%属于无改变或低度改变 L，处于 33%～67%为中度改变 M，处于 67%～100%为高度改变 H。以 25 个参数的水温改变度绝对值的平均值来表示水温整体改变程度。

2）水温改变程度

25 个水温参数中，高度改变的参数有 7 个，分别为第 1 组的 1 月、4 月、10 月、11 月、12 月平均水温 5 个参数，第 2 组中的年最低水温出现日期、水温达到 18℃日期 2 个参数，中度改变参数有 6 个，低度改变参数有 12 个。水温整体改变程度为 44.2%，为中度改变，水温改变度的绝对值见图 4.13。

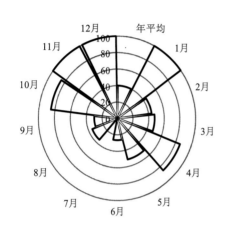 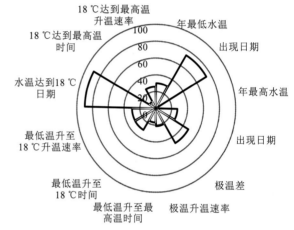

（a）第1组水温参数改变程度　　　　　　　（b）第2组水温参数改变程度

图 4.13　宜昌站水温改变度

三峡水库蓄水前后 25 个水温参数的均值、标准差、上下限目标范围及水温改变度计算结果见表 4.3、表 4.4。在第 1 组参数中，蓄水前 1 月平均水温由 10.1℃升高到蓄水后 12.9℃，水温升幅达 2.8℃；2 月平均水温也有所升高，由 10.3℃升高到 11.4℃，较 1 月平均水温变幅小；4 月蓄水后平均水温与蓄水前 17.2℃相比，急剧下降到 14.9℃，水温相较之蓄水前偏低 2.3℃；10～12 月蓄水后平均水温较蓄水前均呈升高趋势，且随着时间的推移，升温幅度明显加大，蓄水前分别为 20.0℃、16.7℃、12.7℃，蓄水后分别为 22.0℃、19.2℃、16.2℃，水温分别升高 2.0℃、2.5℃、3.5℃。其他参数改变相对较低的月份中，5～6 月蓄水后平均水温延续了 4 月份水温偏低情势，但是水温下降幅度逐渐减小，其中 5 月份较蓄水前偏低 1.7℃，6 月份偏低 0.9℃；7～9 月蓄水后平均水温则变化不大，较蓄水前水温偏高在 1℃左右，蓄水前后月平均水温变化见图 4.14。

表 4.3　第一组水温变化指标分析结果　　　　　　　（单位：℃）

计算结果	1月	2月	3月	4月	5月	6月	7月	8月	9月	10月	11月	12月	年均
蓄水前均值	10.1	10.3	12.8	17.2	21.4	23.9	24.7	25.7	23.3	20.0	16.7	12.7	18.2
标准差	0.9	0.9	1.1	0.7	0.8	1.3	0.9	1.1	0.9	0.8	0.6	0.7	0.5
上限	11	11.2	13.9	17.9	22.2	25.2	25.7	26.8	24.1	20.8	17.3	13.5	18.7

续表

计算结果	1 月	2 月	3 月	4 月	5 月	6 月	7 月	8 月	9 月	10 月	11 月	12 月	年均
下限	9.3	9.3	11.7	16.4	20.6	22.6	23.8	24.6	22.4	19.1	16.1	12	17.8
蓄水后均值	12.9	11.4	11.8	14.9	19.7	23	25.1	25.9	24.4	22	19.2	16.2	18.9
水温改变度	−87.9	−51.5	−39.4	−75.8	−48.1	−23.4	11.9	39.9	−0.8	−74	−100	−100	−48.1
水温改变程度	H	M	M	H	M	L	L	M	L	H	H	H	M

表 4.4　第二组水温变化指标分析结果

计算结果	年最低水温/℃	出现日期	年最高水温/℃	出现日期	极温差/℃	极温升温速率/（℃·月）	最低温升至最高温时间/d	最低温升至 18℃时间	最低温升至 18℃升温速率/（℃·月）	水温达到 18℃日期	18℃达到最高温时间/d	18℃达到最高温升温速率/（℃·月）
蓄水前均值	9.1	1/31	27.2	8/8	18.1	2.9	190.3	79.1	3.5	4/19	111.2	2.6
标准差	1	14.0	1	17.9	1.2	0.4	23.5	12.9	0.8	5.0	16.6	0.5
上限	10.1	2/13	28.2	8/26	19.3	3.3	213.8	92	4.3	4/24	127.8	3
下限	8.1	1/16	26.2	7/21	16.9	2.6	166.8	66.2	2.8	4/14	94.6	2.1
蓄水后均值	10.3	2/21	27	8/20	16.7	2.8	179.6	71.7	3.3	5/4	107.9	2.6
水温改变度	−30.1	−74	2.3	−27.3	−48.1	21.2	16.9	−30.1	29.9	−89.9	−9.1	25.9
水温改变程度	L	H	L	L	M	L	L	L	L	H	L	L

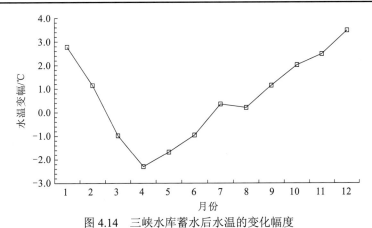

图 4.14　三峡水库蓄水后水温的变化幅度

　　在第 2 组参数中，年最低水温蓄水前 9.1℃，蓄水后升高至 10.3℃，出现日期由 1 月 31 日推迟至 2 月 21 日，推迟了 22 d。年最高水温变化不大，但日期推迟 12 d。年最低水温升高导致极温差（年最高水温与最低水温之差）变小，年内温度变化幅度减小，年最低水温日期的推迟导致升至年最高水温时间减少 10.7 d，极温升温速率也随之下降 0.1℃/月。水温达到 18℃日期为高度改变，改变−89.9%，由蓄水前 4 月 19 日推迟至蓄水后 5 月 4 日，平均推迟 15 d，由于水温达到 18℃日期和年最高水温日期均出现推迟现象，水温 18℃达到最高温时间变化不大，升温速率变化不大。

2. 三峡水库坝下径流量变化

1）年径流量变化

对三峡水库蓄水前（1981～2002 年）、三峡水库初期蓄水（2003～2007 年）、三峡水库 175 m 试验性蓄水（2008～2012 年）三个时间段三峡坝下宜昌站流量进行统计，分析三峡蓄水运行前后坝下径流量的变化。

由图 4.15 可知，三峡水库蓄水前的年均径流量为 13 800 m³/s，三峡水库初期蓄水的年均径流量为 12 483 m³/s，三峡水库试验性蓄水的年均径流量为 12 742m³/s。三峡大坝蓄水后，多年平均径流量的有所下降，蓄水初期和试验性蓄水阶段，分别减少了 1 317 m³/s 和 1 058 m³/s，这一方面与大坝蓄水截留有一定的关系，但主要由上游来水量变化引起。

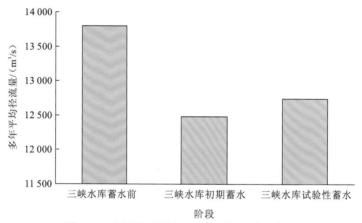

图 4.15　宜昌站不同阶段多年平均径流量变化

2）月径流量变化

三个不同时期的多年月平均径流量如图 4.16 所示，可以看出三峡水库蓄水后对年内径流量过程有一定的调节作用，6～7 月、10～11 月的平均径流量明显减少，8～9 月呈现先减少后增加的变化，12 月～次年 3 月有所增加，这主要是大坝削峰补枯作用的体现。

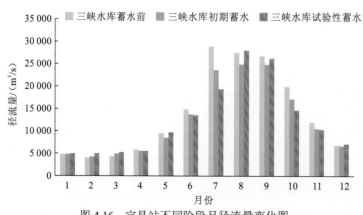

图 4.16　宜昌站不同阶段月径流量变化图

三峡水库蓄水后,对于四大家鱼的主要产卵季节(4～7 月),4 月、5 月的径流量变化不大,而 6 月、7 月的径流量有明显的下降,其中 7 月平均径流量变化最为显著,两蓄水期相对蓄水前分别下降 5 253 m^3/s 和 9 477 m^3/s;而对于中华鲟的主要产卵季节(10 月、11 月),径流量也呈下降趋势,10 月两个蓄水期的月平均径流量分别下降 2 783 m^3/s 和 5 221 m^3/s,11 月分别下降 1 390 m^3/s 和 1 570 m^3/s。

3)水文改变度

通过公式(4.1)计算三峡水库蓄水以来(2003～2012 年)对蓄水前(1981～2002 年)月平均径流量的水文变化度,结果见表 4.5。结果表明,三峡水库蓄水后,宜昌江段大多数月份的月平均径流量为中度或低度变化,只有 2 月为高度变化,变化度为 80%。

表 4.5 三峡水库蓄水后宜昌江段月平均径流量的水文变化度

月份	三峡蓄水前平均径流量/(m^3/s)	三峡蓄水后平均径流量/(m^3/s)	水文变化度/%	变化度评价
1	4 738	4 840	20	L
2	4 011	4 530	80	H
3	4 316	5 049	40	M
4	5 822	5 532	20	L
5	9 477	8 920	40	M
6	14 842	13 635	40	M
7	28 831	21 994	60	M
8	27 466	26 012	20	L
9	26 683	25 336	20	L
10	19 894	16 197	20	L
11	11 884	10 443	40	M
12	6 817	6 798	60	M

3. 四大家鱼自然繁殖与长江中游水温的关系

三峡水库蓄水前后不同年份四大家鱼首次产卵时间、首次产卵水温、自然繁殖期分析结果,见表 4.6。三峡水库蓄水前四大家鱼首次产卵时间一般在 4 月底至 5 月上旬,与之相比开始产卵的时间基本相同,变化不大,三峡水库 2003 年开始蓄水后,4 月份已无家鱼产卵,仅在少数年份如 2006 年、2008 年、2009 年水温达到 18℃的日期在 5 月上旬以前情况下,5 月上旬仍能发现家鱼产卵,其他年份逐渐推迟到 5 月中旬或更后的日期。

四大家鱼自然繁殖时间、繁殖期与水温变化相关关系如图 4.17 所示,由于宜昌至沙市江段区间来水较小,对沙市江段水温影响较小,宜昌站水温变化过程可以代表该江段水温情势变化趋势。分析各年四大家鱼首次产卵时间,均出现在水温首次达到 18℃时间之后,表明四大家鱼在繁殖季节只有当水温大于 18℃时才会产卵;蓄水后仅有 2005 年、2006 年

4 月底达到 18℃，但四大家鱼产卵日期仍在 5 月份，其他年份由于水温首次达到 18℃时间推迟至 5 月份，所以在 4 月份从未监测到四大家鱼产卵行为；首次产卵水温在蓄水前后的大小差异没有规律性，可能与年最低水温升至 18℃的积温时间及性腺发育状况有关。长江中游四大家鱼整个自然繁殖期也发生相应变化。繁殖时间从三峡蓄水前的 4～7 月压缩至蓄水后的 5～6 月，特别是当部分年份水温首次达到 18℃时间（如 2011 年为 5 月 23 日）过度推迟时，其整个繁殖季节大大缩短，蓄水后四大家鱼繁殖持续时间从蓄水前的 60～80 d，逐渐缩短至 2011～2013 年的 20～50 d，变化规律与水温达到 18℃日期的推迟紧密相关。

表 4.6　长江中游四大家鱼自然繁殖情况

年份	首次产卵时间	首次产卵水温/℃	自然繁殖期	监测地点
1981	5 月 10 日	20.7	5 月中旬～7 月上旬	宜昌
1986	4 月 29 日	18.5	4 月下旬～6 月下旬	宜都
1998	5 月 6 日	21.6	5 月上旬～6 月下旬	监利
1999	5 月 1 日	20.4	5 月上旬～7 月上旬	纱帽
2005	5 月 28 日	22.6	5 月下旬～7 月上旬	宜都
2006	5 月 8 日	19.7	5 月上旬～6 月下旬	宜都
2007	5 月 19 日	20.2	5 月中旬～6 月下旬	宜都
2008	5 月 9 日	19.2	5 月上旬～7 月下旬	宜都
2009	5 月 9 日	18.0	5 月上旬～7 月中旬	宜都
2011	6 月 18 日	23.8	6 月中旬～6 月下旬	浣市
2012	5 月 19 日	22.0	5 月中旬～6 月下旬	沙市
2013	5 月 13 日	19.4	5 月中旬～6 月上旬	沙市

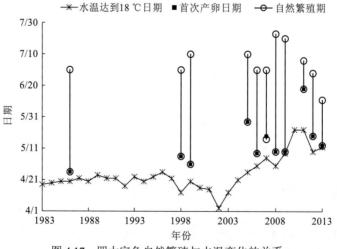

图 4.17　四大家鱼自然繁殖与水温变化的关系

4. 四大家鱼自然繁殖与水文情势的关系

20 世纪 80 年代以来，对四大家鱼自然繁殖的水文水力学条件开展了大量的研究，研究发现除了水温要求之外，流水条件是刺激产卵的另一个必要因素。20 世纪 80 年代在汉江的研究表明，与其他几种产漂流性卵鱼类相比，四大家鱼在涨水时期内发生产卵的次数和天数相对较少，其对水文条件的要求相对较高（周春生 等，1980）。目前，对四大家鱼自然繁殖的水文条件、影响因子等方面已有较多研究，总结四大家鱼自然繁殖的水文条件主要有以下特征。

（1）水位上涨。天然涨水过程的刺激是促使四大家鱼能够在合适的产卵场进行生殖的必要条件。江河的涨水过程包括水位升高、流量增大、流态紊乱等多种水文条件的变化，而根据四大家鱼的繁殖活动在水体上层进行且人工繁殖时需要冲水来促进产卵的事实来分析，流速的增加在繁殖过程中起主要的作用。而涨水幅度影响产卵规模，大多数亲鱼一般选择在涨水时产卵，且涨水幅度越大、产卵规模也越大。涨水即为流量的增大，水位涨落是流量增减的结果。根据以往的资料，四大家鱼一般在涨水 0.5～2 d 开始产卵，如果江水不继续上涨或者涨幅很小，产卵活动即终止。四大家鱼的产卵规模取决于水位相对增长的幅度，而与起点水位无关。有研究表明，在 5 月初至 6 月中旬家鱼繁殖盛期，其产卵规模与涨水幅度成正比（邱顺林 等，2002）。

（2）流速增大。伴随着涨水和流量的加大，流速相应增大。对河道而言，流速反映了河道的地形地貌、水位、流量等的综合作用。产漂流性卵的鱼类若没有适宜的流速，亲鱼就难以产卵，鱼卵更难以漂流孵化。如四大家鱼鱼卵为半浮性，在水流流速低于 0.3 m/s 时开始下沉，低于 0.15 m/s 全部下沉（唐会元 等，1996）。流速增大在刺激繁殖的诸多水文因素中起着主要作用，在日平均流速增加 0.01～1.87 m/s 的情况下，可以促进鱼类产卵（周春生 等，1980）。四大家鱼在水位上涨后，经过一定的时间才开始产卵，其相隔的时间与流速大小有关。流速大，刺激产卵所需要的时间短；流速小，刺激产卵所需要的时间长（曾祥琼 等，1990）。

（3）紊乱流态。深潭和岩礁能为繁殖亲鱼提供暂时栖息的场所，待出现产卵的水文条件，水流冲击河底深潭或岩礁形成紊乱的流态，亲鱼即进行繁殖。基于四大家鱼产卵对水流条件的需求及其卵漂浮的特性，其产卵场通常位于大江两岸地形发生较大变化的江段，如江面陡然紧缩、或山岭由一岸伸入江中（又称矶头）、或河道弯曲多变、江心常有沙洲以及河床糙度大、水较深的江段（易伯鲁 等，1988）。水体流经这些起伏的河床，在迎水面形成上升流，在背水面形成下降流，并伴随大量涡旋，宏观描述为"泡漩水"（林俊强 等，2022），这些特殊的局部水动力条件，使鱼卵不会因沉底而缺氧死亡，从而保证了鱼卵的受精和孵化。

1986 年四大家鱼繁殖季节，宜昌以下的长江干流经历了 5～7 次明显的涨水过程，宜都、监利、广济 3 个断面都能采集到四大家鱼鱼卵和早期鱼苗（图 4.18）。各江段每次涨水的幅度为 1.5～3.5 m，四大家鱼在涨水后大约半天至两天便开始产卵。一般来说，涨水幅度较大，产卵规模也大。大多数亲鱼是在涨水时产卵，少数则发生在水位平稳或下落时。2012 年沙市江段共经历了 5 次明显的涨水过程。通过对四大家鱼在不同水情下的产卵情况

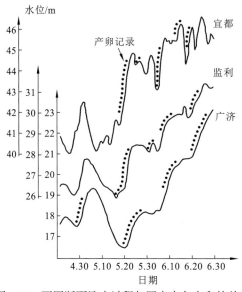

进行分析（图 4.19），发现草鱼在距涨水 0～3 d 以及距退水 0～2 d 时，均能产卵，在四种鱼类中产卵次数最多，共计有 18d 出现产卵；鲢和青鱼的情况相当，能在距涨水 0～3 d 和距退水 0～1 d 时产卵，产卵天数分别为 9 d 和 8 d；鳙仅在距涨水 0～2 d 和距退水 0 d（退水第 1 d）时产卵，产卵次数最少。2012 年 6 月 11 日～24 日，有一个持续退水阶段，四大家鱼均未产卵。

图 4.18　不同断面涨水过程与四大家鱼产卵的关系

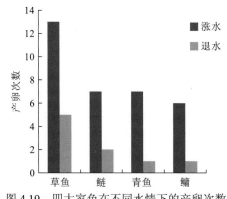

图 4.19　四大家鱼在不同水情下的产卵次数

4.2.2　四大家鱼自然繁殖的生态水文需求

1. 影响四大家鱼自然繁殖的关键水文指标

基于四大家鱼产卵促发行为、产卵规模等与天然水文情势的关系，研究涨水过程中关键水文指标的变化是探讨四大家鱼自然繁殖所需水流条件的关键所在。20 世纪 90 年代，Zhang 等（2000）提出系统重构分析方法，将一个洪峰过程分解为 9 个可以量化的水文因素（图 4.20，参数定义见表 4.7），再加入产卵起始时间、卵苗讯时序等生态要素，通过系统重构分析软件得出了水文因素—生态要素之间的量化关系。

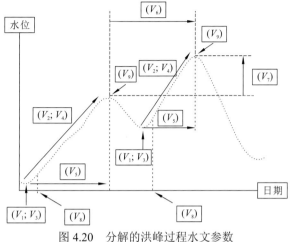

图 4.20　分解的洪峰过程水文参数

表 4.7　生态水文指标的定义

指标	定义
V_1	洪峰的初始水位：监测到鱼卵的涨水过程起涨水位
V_2	水位的日上涨率：初始水位与洪峰水位之间平均日水位涨幅
V_3	断面初始流量：监测到鱼卵的涨水过程起涨流量
V_4	流量的日增长率：初始流量与洪峰流量之间平均日流量涨幅
V_5	洪峰水位上涨持续时间：初始水位至洪峰水位的时间
V_6	前后两个洪峰过程的间隔时间
V_7	前后两个洪峰过程的水位差异
V_8	产卵起始日期：单次涨水过程中开始产卵时间
V_9	卵苗汛时序

　　基于此方法，作者分析了长江干流松滋口、城陵矶和新堤 3 个断面四大家鱼苗汛量的水文变化机制，首次发现四大家鱼的产卵规模与涨水的持续时间有关，持续时间越长越有利于四大家鱼产卵；总结得出了适度的初始水位、初始流量、较大流量日增长率、较高的水位日增长率及较长时间的水位上涨同四大家鱼的产卵行为密切相关（Zhang et al.，2000）。不同断面发生较大苗汛的水文条件需求如下。

　　（1）松滋口：初始水位 37.6～38.9 m，水位上涨率 1.05～1.25 m/d，初始流量 12 200～15 600 m³/s，流量增长率 1 310～1 550 m³/（s·d），水位上涨持续时间 5～6 d。

　　（2）城陵矶：初始水位 26.7～27.8 m，水位上涨率 0.31～0.38 m/d，初始流量 21 560～27 540 m³/s，流量增长率 1 220～1 450 m³/（s·d），水位上涨持续时间 10 d。

　　（3）新堤：初始水位 26.5～28.0 m，水位上涨率 0.25～0.30 m/d，初始流量 25 600～

33 240 m³/s，流量增长率 2 110~2 500m³/（s·d），水位上涨持续时间 10 d。

根据 1997~2002 年监利江段四大家鱼早期资源监测结果，每年自然繁殖的次数以 2次居多，1999 年达 3 次，自然繁殖时间在 5~6 月，产卵一般发生在洪水的上涨阶段，在持续的洪水消退阶段则没有产卵行为的发生。监利断面的变量 V_1 洪水起始水位在 25.58~32.65 m，变量 V_3 断面初始流量在 5 200~16 000 m³/s，分析卵苗径流量 V_9 与洪水起始水位 V_1、断面初始流量 V_3 之间相关关系发现，与卵苗径流量没有显著相关关系，说明这两个变量可能不是影响四大家鱼自然繁殖的主要因素。而洪水上涨持续时间 V_5 与卵苗径流量存在显著的相关关系，见图 4.21。说明洪水上涨持续时间是影响四大家鱼自然繁殖规模大小的一个重要因素，同时在洪水的上涨过程中，水流紊动强烈有益于鱼卵吸水膨胀后随水流漂流和扩散，不至于沉入水底，同时高泥沙含量形成了较低的透明度，使得幼鱼受到庇护，避免其他鱼类的捕食。

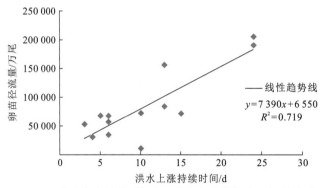

图 4.21　洪水上涨持续时间与四大家鱼卵苗径流量相关关系

2. 促进四大家鱼自然繁殖的"人造洪峰"条件

针对三峡水库对四大家鱼繁殖的影响，《长江三峡水利枢纽环境影响报告书》提出保障四大家鱼繁殖的对策如下："要求在四大家鱼繁殖期内，特别是 5 月中旬至 6 月上旬，江水温度保持在 18 ℃以上时，安排 2~3 次人造洪峰，以促使宜昌至城陵矶江段的四大家鱼产卵"。此后，国内针对如何优化改进三峡工程的调控模式以适应四大家鱼的繁殖需求做了大量且系统的研究，为促进四大家鱼自然繁殖的生态调度实践奠定了重要基础。

不同学者以历史宜昌水文站数据为依据，提出了三峡生态调度人造洪峰条件（表 4.8），涉及的参数包括日水位涨幅、日流量涨幅、涨水持续时间、涨水次数、两次洪水间隔时间等。曾祥胜（1990）根据 1964~1965 年资料分析得出，在四大家鱼繁殖期内，只要先出现一次小规模涨水（宜昌江段水位一昼夜上涨 0.3 m 左右），相隔 1~2d 后再加大下泄流量使宜昌水位每昼夜上涨 0.5 m 左右，并持续 4~6d，就能达到刺激家鱼产卵的效果。李清清等（2011）提出的调度方案为设置 2 次洪水，洪水开始时间随机产生，每次洪水过程为 8~10 d 涨水、8~10 d 落水，流量逐日增加，落水与涨水相对称，两次洪水开始时间间隔 20~25 d。赵越等（2012）采用生态流组法分析四大家鱼产卵期的生态水文事件组成，推求满足其产卵需求的流量过程如下：5 月 1 日~6 月 10 日，共涨水 3 次，每次连续涨水 3 d，持续时间分别为 5 d、6 d、6 d，落水与涨水对称，涨水规模逐渐增加，并提出了下泄流量范围 9 040~18 950 m³/s，流量日增长率 1 100~1 800 m³/(s·d)。郭文献等（2009）以统计的各水文指标的平均值为生态水文目标，提出的量化参数较多，但水文参数范围太宽泛，实际可操作性不高。李翀等（2006）采用 RVA，宏观上提出人造洪峰的水文条件为：三峡水库调度的坝下每年 5~6 月的总涨水日数维持在 22.1±7.2 d 范围内，并且每次涨水过程持续 5 d 以上。Li 等（2013）基于 2005~2010 年宜都断面监测数据，构建四大家鱼鱼卵密度与 12 个水文气象因子的分类回归树模型，定量提出三峡水库生态调度应满足宜昌江段日均水位涨幅大于 0.55 m。

表 4.8　不同研究中宜昌江段生态调度水文条件

调度时间	起涨流量 / (m³/s)	水位涨幅 / (m/d)	流量涨幅 /[m³/(s·d)]	涨水持续时间/d	涨水次数	间隔时间/d	数据来源
5~6 月	—	—	1 100~1 800	3	3		赵越等，2012
5~6 月	—	0.41~0.8	910~2 931	—	2~4	3~8	郭文献等，2009
6~7 月	>15 000	—	900~3 000	>5	>1		Ma 等，2020
5~7 月	—	>0.55	—	—	—	—	Li 等，2013
5 月下旬至 6 月上旬	—	0.3~0.5	—	4~6	2	1~2	曾祥胜，1990
5~7 月	—	—	—	8~10	2	20~25	李清清等，2011

4.2.3　栖息地模拟法求解四大家鱼产卵期生态流量

1. 研究区域

以长江中游的葛洲坝—宝塔河江段为研究区域，河段长 9 km 左右，如图 4.22。根据宜昌水文站的监测资料（1954~2014 年），研究区域的多年平均流量为 13 547 m³/s，最小日平均流量为 3 058 m³/s，最大日平均流量为 52 170 m³/s。葛洲坝—宝塔河江段是四大家鱼的典型产卵河段，由于大坝的阻隔使得原先在坝上产卵的鱼类，产生在产卵期聚集于坝下的行为，近坝段容易成为鱼类的新产卵场，该段是三峡—葛洲坝梯级下游的第一河段，能够更加灵敏准确地反映上游梯级不同调度策略对下游鱼类，尤其是产漂流性卵鱼类的影响。

2. 水动力学模拟

本小节采用三角形网格上求解二维浅水方程进行流场模拟（宋利祥 等，2011），其水流控制方程为圣维南方程组，忽略风力和科氏力，假设垂直方向上的压力分布是静水压力，水平流速沿水深方向的分布不变。初始条件包括各计算节点的地形高程、坐标、河道粗糙度等，边界条件包括入流初始水位、入流流量及水深、出流边界水位等，其中上边界为流量，下边界为水位，河岸边界采用动边界条件（蔡玉鹏 等，2010）。

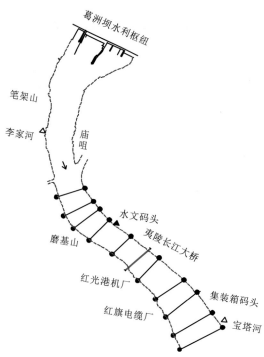

图 4.22　研究河段示意图

3. 物理栖息地模拟

利用模糊数学方法建立栖息地模型，并与水力学模型耦合，分析不同水文情势下不同典型产漂流性卵鱼类在产卵期的栖息地变化情况。基于专家分析、现场试验和文献分析建立模糊函数隶属度及规则集，计算栖息地适宜性加权可利用面积。隶属度采用 0 到 1 间的实数反映元素从属于模糊集合的程度，隶属函数采用三角函数和梯形函数，模糊逻辑推理采用最大-最小值推理法（赵越 等，2013），并采用重心法进行去模糊化。水深的语言变量采用浅（L）、中（M）和深（H）；流速的语言变量值有慢（L）、中（M）、快（H）和很快（VH）；适宜度的设置依次由 0 不适应到 1 很适应，其语言变量值为差（L）、中（M）、好（H）、很好（VH）。各语言变量值的模糊推理规则和隶属函数如表 4.9 和图 4.23～图 4.25 所示。

表 4.9　四大家鱼产卵场适宜度模糊推理规则

流速	水深	适宜度
L	L	L
M	L	L
H	L	L
VH	L	L
L	M	L
M	M	VH
H	M	H

流速	水深	适宜度
VH	M	L
L	H	L
M	H	H
H	H	M
VH	H	L

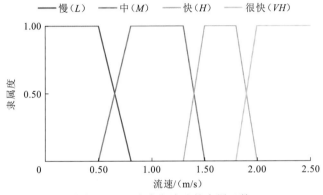

图 4.23　四大家鱼流速的隶属函数

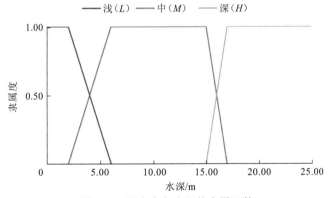

图 4.24　四大家鱼水深的隶属函数

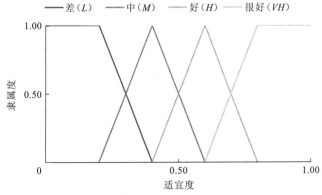

图 4.25　四大家鱼适宜度的隶属函数

　　根据水力学模型计算不同流量条件下研究河段的流速和水深分布，由模糊规则计算出各点流速和水深对应的栖息地适应度指数，最后计算出整个栖息地的加权可利用面积WUA，计算公式为

$$\text{WUA} = \sum_i F[f(V_i), f(D_i), f(C_i)] \cdot A_i \tag{4.2}$$

式中：$F[\ ]$ 为研究河段第 i 分区的组合适应度因子（combined suitability factor，CSF）；A_i 为研究河段第 i 分区（第 i 个网格）的水域面积；$f(V_i)$、$f(D_i)$、$f(C_i)$ 分别为研究河段第 i 分区的流速、水深和河床底质适应度指数，分别由流速和水深相应的模糊逻辑规则算得；其中流速和水深值指研究河段划分的第 i 个网格中心点的模拟值（李建和夏自强，2011）。在研究中认为研究区域的底质状况良好，将 $f(C_i)$ 全部设定为 1。

4. 四大家鱼产卵期生态流量

　　涵盖宜昌水文站 1954～2014 年 4～7 月的月均流量范围 6 771～29 547 m³/s，以 3 000～35 000 m³/s 范围内的不同流量输入模型进行栖息地模拟，结合应用模糊逻辑推理的栖息地模拟方法，模拟四大家鱼产卵场水深、流速及适宜度指数在研究河段的分布，计算得到不同流量下四大家鱼产卵栖息地的 WUA，并绘制流量（Q）-加权可用面积（WUA）关系图，并以曲线最高点对应的流量 11 318 m³/s，为四大家鱼产卵最适生态流量。如图 4.26 和图 4.27 所示。

　　对比已有的相关研究，郭文献等（2011）的研究结果表明宜昌段的四大家鱼产卵的适宜生态流量为 7 500～12 500 m³/s，李建和夏自强（2011）通过物理栖息地模型（physical habital simulation model，PHABSIM 模型）计算的四大家鱼产卵期 4～6 月的最适宜生态流量为 12 000～15 500 m³/s，王煜等（2016）的研究认为当宜昌段泄流量为 10 000～15 000 m³/s 时，四大家鱼产卵栖息地具有较高的适宜度，戴会超等（2014）认为四大家鱼繁殖期适宜的环境流量为 8 000～15 000 m³/s，本研究的最适生态流量均在上述范围内。

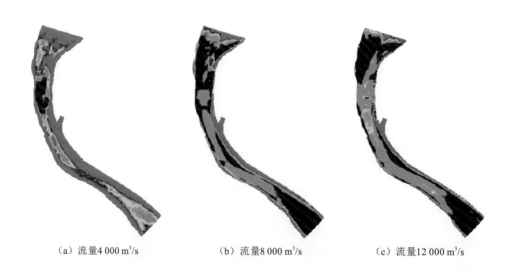

(a) 流量 4 000 m³/s　　　　　　(b) 流量 8 000 m³/s　　　　　　(c) 流量 12 000 m³/s

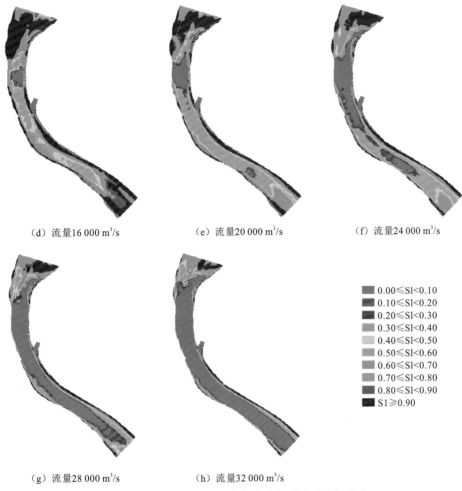

（d）流量16 000 m³/s　　　　　　（e）流量20 000 m³/s　　　　　　（f）流量24 000 m³/s

（g）流量28 000 m³/s　　　　　　（h）流量32 000 m³/s

图 4.26　不同流量下四大家鱼产卵场适宜度空间分布

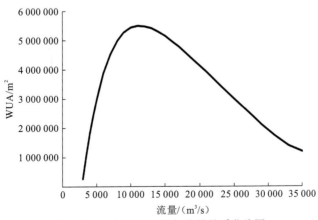

图 4.27　加权可用面积与流量关系曲线图

第 5 章

针对不同产卵类型鱼类自然繁殖的三峡水库生态调度试验及其效果监测

产黏沉性卵鱼类是三峡库区鱼类资源的重要组成部分，三峡水库消落期水位持续下降可能对库区部分支流回水区产黏沉性卵鱼类的繁殖和早期孵化产生一定影响。2019~2020年，通过调查掌握了三峡库区典型支流产黏沉性卵鱼类自然繁殖现状，分析了部分鱼类自然繁殖的生态调度需求，初步提出了促进鲤、鲫等鱼类自然繁殖的生态调度方式。在此研究成果基础上，2020~2021年，连续实施了3次针对三峡库区产黏沉性卵鱼类自然繁殖的生态调度试验。

四大家鱼是长江中游重要的经济鱼类，三峡水库调度运行显著影响了坝下四大家鱼自然繁殖所需的水温、水文条件，其繁殖规模严重萎缩，实施"人造洪峰"生态调度势在必行。在2011年三峡水库成功蓄水至175 m之际，长江水利委员会首次组织实施了促进四大家鱼自然繁殖的三峡水库生态调度试验，为推动长江水生生物多样性保护迈出了重要一步。此后，三峡水库每年持续开展促进四大家鱼自然繁殖的生态调度试验，不断积累经验和成果。

5.1　促进三峡库区产黏沉性卵鱼类自然繁殖的
生态调度试验

5.1.1　首次试验方案

2020 年 5 月 1~5 日首次实施了针对三峡库区产黏沉性卵鱼类自然繁殖的生态调度试验。生态调度期间的三峡入库流量、出库流量、坝前水位等实际调度情况，见表 5.1。4 月 30 日平均出库流量为 10 400 m³/s；5 月 1 日调度第一天，平均出库流量减少至 8 250 m³/s，为了稳定库区水位变幅，出库流量保持相对稳定。5 月 1~5 日调度期间，日水位降幅不超过 0.3 m，5 d 的水位总降幅为 1.08 m。

表 5.1　三峡库区首次生态调度期间的流量和水位

时间	三峡入库流量/（m³/s）	三峡出库流量/（m³/s）	坝前水位/m	水位日变幅/m
4 月 30 日	7 400	10 400	157.72	—
5 月 1 日	6 980	8 250	157.53	−0.19
5 月 2 日	6 620	8 270	157.28	−0.25
5 月 3 日	6 520	8 310	157.09	−0.19
5 月 4 日	6 610	8 300	156.81	−0.28
5 月 5 日	6 430	8 340	156.64	−0.17

5.1.2　效果监测方案

1. 监测江段

根据代表性、可比性以及可行性原则，根据前期调查初步结果，选择三峡库区 3 条支流（小江、磨刀溪、香溪河）的回水区开展生态调度试验效果监测。

2. 监测时间

生态调度试验开始前 5 d 启动监测，至生态调度试验结束后 8 d 结束监测（即生态调度期间繁殖出的鱼卵孵化到可以平游的时间）。为增加样本数量，结合实际情况，也可适当延长监测时间。

3. 监测内容

监测产黏沉性卵鱼类早期资源情况，主要包括卵、仔稚鱼的种类组成、数量、相对丰度、发育期等；同步开展卵和仔稚鱼的采集时间、采集地点、天气、气温、水温、pH、透明度、溶解氧、黏附基质或庇护基质类型等方面的监测。

4. 监测方法

（1）产卵基质法。在水草较多的大型天然产卵场，逐日采集鱼类产卵基质上（主要为水草）黏附的鱼卵。将采集的卵进行培养、固定，通过传统形态学方法或分子生物学方法对采集到的鱼卵进行种类鉴定。

（2）手抄网、拖网法。在水草较多的大型天然产卵场，通过手抄网、拖网等工具逐日采集仔稚鱼，现场进行培养、固定，通过传统形态学方法或分子生物学方法对采集到的仔稚鱼进行种类鉴定。同时，采用耳石分析方法获得仔稚鱼的耳石日龄及鱼卵的孵化时间，反推仔稚鱼出生日期，然后根据不同出生日期的仔稚鱼数量、仔稚鱼的死亡率等，分析生态调度试验效果。

（3）人工鱼巢法。通过放置人工鱼巢监测产卵情况，人工鱼巢应放置在人类干扰少、沿岸带水草基质少、水域较深的区域，尽量避免人类活动、沿岸带基质分布等对其的干扰。人工鱼巢放置面积范围要大、且成片，能够给鱼类提供充足的庇护生境。逐日采集人工鱼巢上的鱼卵以及人工鱼巢间的仔稚鱼，现场进行培养、固定，通过传统形态学方法或分子生物学方法对采集到的鱼卵、仔稚鱼进行种类鉴定。通过观察人工鱼巢的鱼卵情况以及人工鱼巢间的仔稚鱼情况，分析鱼类的繁殖状况及其对生态调度试验的响应。

（4）生境要素采集方法。利用温度计、黑白盘、YSI 水质分析仪等仪器设备，在卵、仔稚鱼采集时同步观测支流各采样点的生境条件，包括水温、透明度、pH、溶解氧、水位等。

5.1.3　生态调度试验效果监测

1. 鱼卵采集结果

（1）小江，生态调度期间，共采集到鱼卵 1 704 粒，其中人工鱼巢基质黏附 1 701 粒，沿岸带水草黏附 3 粒。

（2）磨刀溪，生态调度期间，未在磨刀溪回水区江段人工鱼巢及沿岸带基质上采集到鱼卵。

（3）香溪河，生态调度期间，在香溪河回水区江段人工鱼巢基质上采集到鱼卵 621 粒。

2. 仔稚鱼采集结果

（1）小江，生态调度期间，小江回水区江段沿岸带共采集到黏沉性卵鱼类仔稚鱼 326尾，5 种，分别为鲤、鲫、子陵吻鰕虎鱼、波氏吻鰕虎鱼和中华鳑鲏，其中鲤、鲫和子陵吻鰕虎鱼的数量较多，各占生态调度期间仔稚鱼总数的 7.98%、42.64 %和 42.94%（图 5.1）。

（2）磨刀溪，生态调度期间，磨刀溪回水区江段共采集到黏沉性卵鱼类仔稚鱼 1 624 尾，6 种，分别为鲤、鲫、子陵吻鰕虎鱼、波氏吻鰕虎鱼、间下鱵和中华鳑鲏，其中鲤、鲫和间下鱵的数量较多，各占生态调度期间仔稚鱼总数的 61.95%、26.35%和 11.15%（图 5.2）。

（3）香溪河，生态调度期间，使用手抄网在香溪河回水区江段沿岸带共采集到黏沉性卵鱼类仔稚鱼 290 尾，2 种，分别为鲤和鲫，各占生态调度期间仔稚鱼总数的 75.52%和 24.48%。

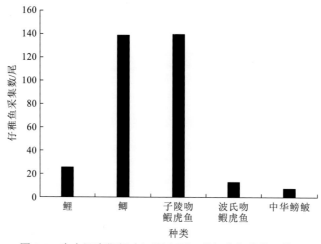

图 5.1 生态调度期间小江回水区江段仔稚鱼种类及数量

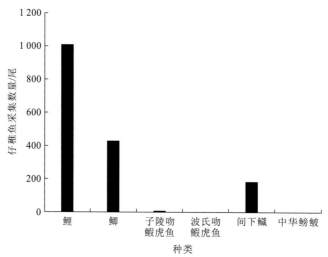

图 5.2 生态调度期间磨刀溪回水区江段仔稚鱼种类及数量

5.1.4 生态调度试验效果分析

1. 鲤对生态调度实施的响应

根据耳石日龄分析技术以及鲤鱼卵的孵化时间,对不同日期采集到的鲤仔稚鱼的出生日期进行估算;在此基础上,统计某一鲤产卵日后 2 d 水位下降的幅度与该日鲤出生个体的数量比例关系(假设不同日期出生个体的早期死亡率为恒定值),可以近似反映水位变动对鲤产卵孵化存活率的影响效应。

三条河流的监测与分析结果均显示:当某一鲤产卵日后连续 2 d 内的水位下降很低(或维持稳定)时,可以观测到鲤出生个体数量出现明显的峰值,表明连续 2 d 内维持更小的水位下降值更有利于鲤的产卵和孵化,即更多的鲤参与繁殖活动或更多的仔稚鱼存活下来(图 5.3~图 5.5)。生态调度期间,三峡水库在连续 2 d 内保持较低的水位下降幅度能够有效促进鲤的产卵孵化。

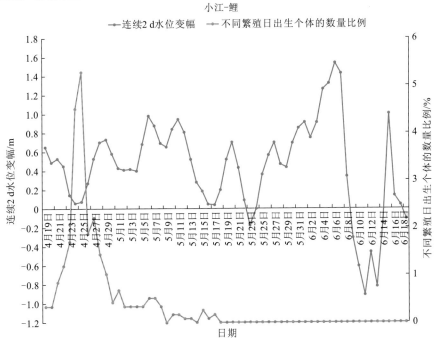

图 5.3　2020 年监测期间小江连续 2 d 水位变幅与不同繁殖日
鲤出生个体的数量比例的关系（连续 2 d 水位变幅为某一日期后
连续 2 d 内水位的变幅，繁殖日为鲤发生繁殖活动的日期，下同）

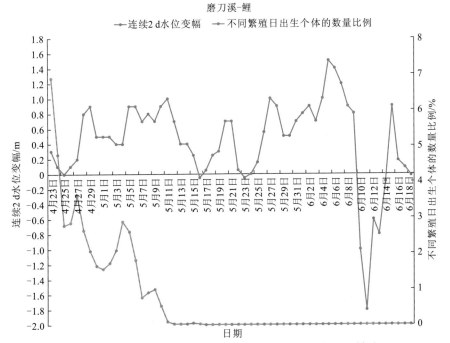

图 5.4　2020 年监测期间磨刀溪连续 2 d 水位变幅与不同繁殖
日鲤出生个体的数量比例的关系

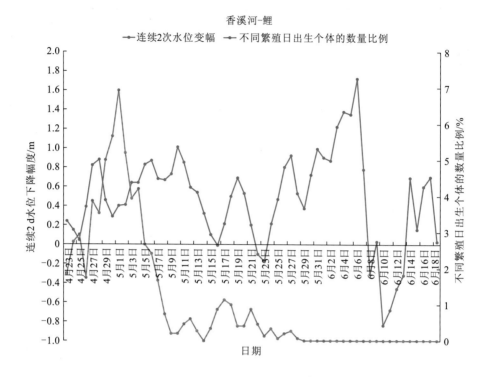

图 5.5　2020 年监测期间香溪河连续 2 d 水位变幅与不同繁殖
日鲤出生个体的数量比例的关系

2. 鲫对生态调度实施的响应

根据耳石日龄分析技术以及鲫鱼卵的孵化时间，对不同日期采集到的鲫仔稚鱼的出生日期进行估算；在此基础上，统计某一鲫产卵日后 2 d 水位下降的幅度与该日鲫出生个体的数量比例关系（假设不同日期出生个体的早期死亡率为恒定值），可以近似反映水位变动对鲫产卵孵化存活率的影响效应。

三条河流的监测与分析结果均显示：当某一鲫产卵日后连续 2 d 内的水位下降很低（或维持稳定）时，可以观测到鲫出生个体数量出现明显的峰值，表明连续 2 d 内维持更小的水位下降值更有利于鲫的产卵和孵化，即更多的鲫参与繁殖活动或更多的仔稚鱼存活下来（图 5.6～图 5.8）。生态调度期间，三峡水库在连续 2 d 内保持较低的水位下降幅度能够有效促进鲫的产卵孵化。

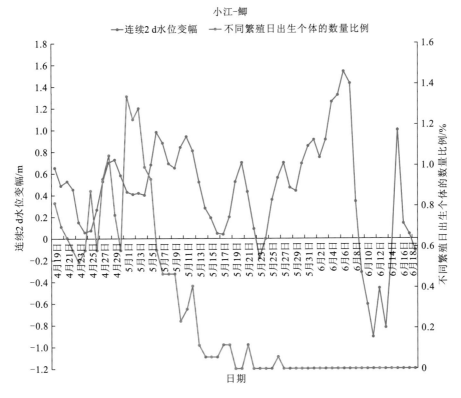

图 5.6　2020 年监测期间小江连续 2 d 水位变幅与不同繁殖日鲫出生个体的数量比例的关系（连续 2 d 水位变幅为某一日期后连续 2 d 内水位的变幅，繁殖日为鲫发生繁殖活动的日期，下同）

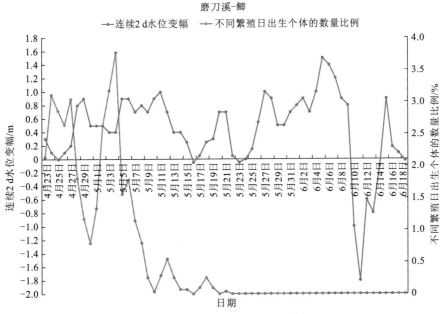

图 5.7　2020 年监测期间磨刀溪连续 2 d 水位变幅与不同繁殖日鲫出生个体的数量比例的关系

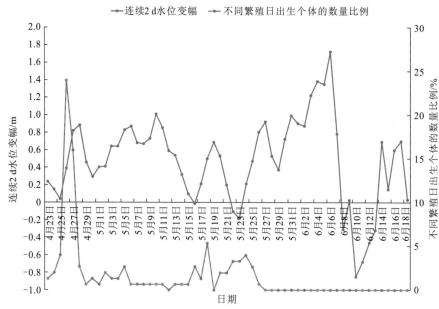

图 5.8　2020 年监测期间香溪河连续 2 d 水位变幅与不同繁殖日鲫出生个体的数量比例的关系

5.2　促进坝下产漂流性卵鱼类自然繁殖的生态调度试验

5.2.1　生态调度试验方案及监测方案

1. 首次试验方案

水利部中国科学院水工程生态研究所根据前期研究成果,结合当年三峡水库上游来水情况,编制完成了 2011 年针对四大家鱼自然繁殖的三峡水库生态调度方案。具体方案如下:调度时间为 2011 年 6 月 15~20 日,调度持续 6 d。三峡水库通过调度加大下泄流量,使葛洲坝坝下游产生明显的涨水过程,将宜昌站流量 11 000 m³/s 作为起始调度流量,在 6 d 内将宜昌站流量增加 8 000 m³/s,达到 19 000 m³/s,调度时保持水位持续上涨,日涨率不低于 0.5 m。日调度过程见表 5.2。表 5.2 中水位、流量由宜昌站水位流量关系曲线查得,实际调度时以宜昌站实测水位流量为准。

表 5.2　2011 年三峡水库生态调度泄流方案

调度时间	下泄流量/（m³/s）	流量增量/[（m³·s）/d]	水位/m	水位上涨率/（m/d）
	11 000	—	42.1	—
第 1 天	12 000	1 000	42.6	0.50
第 2 天	13 500	1 500	43.17	0.57
第 3 天	15 500	2 000	43.92	0.75

续表

调度时间	下泄流量/（m³/s）	流量增量/[（m³·s）/d]	水位/m	水位上涨率/（m/d）
第 4 天	17 500	2 000	44.65	0.73
第 5 天	18 200	700	44.90	0.25
第 6 天	19 000	800	45.20	0.30

此后每年 4 月底～5 月初，长江水利委员会组织中国长江三峡集团有限公司、水文局以及相关监测单位开展生态调度会商，根据当年 5 月上旬水温、水文预报情况，综合考虑三峡水库调度运行的边界条件，并结合已实施的生态调度试验分析成果，调整优化三峡水库生态调度方案及参数，适时开展当年度的生态调度试验。通过连续开展生态调度试验，营造不同水文模式的人造洪峰过程，监测并分析四大家鱼自然繁殖对不同洪峰过程的响应模式，持续评估生态调度的实施效果，不断反馈优化现有的调度方案，达到适应性管理的目的。

2. 调度时间及边界条件

1）5 月下旬至 6 月上旬

5 月下旬至 6 月上旬实施生态调度需考虑的水库调度边界条件如下。

（1）一般情况下三峡水库水位须在 6 月 10 日消落至汛限水位。

（2）一般情况下三峡水库水位日降幅按 0.6 m/d 控制。

（3）考虑葛洲坝电站机组检修（计划 5 月底完成检修）和水资源利用，试验期间尽量减小葛洲坝弃水风险。

（4）考虑电网运行安全，汛前应尽量平稳消落。综合考虑以上因素，若期间三峡水库上游来水偏丰，开展生态调度将面临不能按时消落至汛限水位以及葛洲坝电站弃水风险。因此，该时段生态调度方案为：当宜昌站水温达到 20 ℃以上，当三峡水库上游来水不大且有小幅自然涨水过程时，择机实施生态调度。三峡水库起始下泄流量按 10 000～12 000 m³/s考虑，流量日涨幅 1 000～2 000 m³/s，利用 3 d 以上时间逐步增加至葛洲坝机组最大过流流量（机组检修完成后最大过流流量为 18 000 m³/s 左右）。

2）6 月中下旬

（1）6 月 10 日，三峡水库消落至汛限水位，转为汛期调度，实施生态调度时要以确保防洪安全为前提。

（2）6 月中下旬，宜昌站水温一般在 21～24 ℃，满足生态调度适宜的水温条件。当预报三峡水库上游没有涨水过程时，三峡水库先用 2～3 d 时间减少下泄流量，预蓄部分水量，然后出库流量从 10 000 m³/s 开始逐步上涨，维持 3 d 以上的涨水过程；当预报三峡水库上游发生中小洪水过程时，生态调度试验可与中小洪水调度相结合。

（3）5 月下旬～6 月，当水力学条件不满足三峡水库生态调度要求时，可结合实时水雨情考虑溪洛渡、向家坝与三峡水库联合调度，为三峡水库生态调度创造条件。

3. 监测方案

1）监测时段

鱼类早期资源监测自 5 月中旬开始，持续 60 个连续的日历日，水文及水环境要素监测与早期资源监测同步进行，四大家鱼繁殖群体监测在四大家鱼繁殖高峰期进行。

2）监测内容和断面

鱼类早期资源：鱼类早期资源监测分为定点定量监测和断面定量监测两部分内容。定点定量监测是在长江中游沙市江段设置固定采样点[图 5.9（a）]，每日早、中、晚分 3 次采集鱼卵和鱼苗，记录采集时间、数量、发育期、网口流速、水温等数据。断面定量监测是在卵苗出现高峰时期对整个江断面进行采样，获得卵苗数量及断面分布情况[图 5.9（b）]。通过鱼类早期资源采集数据和水文数据，估算获得鱼类繁殖时间、繁殖规模、繁殖江段等数据。

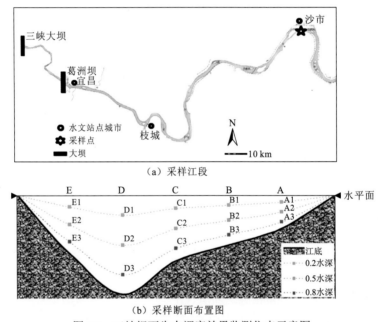

（a）采样江段

（b）采样断面布置图

图 5.9　三峡坝下生态调度效果监测位点示意图

水文及水环境要素：水文要素监测结合长江中游水文监测控制站点进行，监测内容包括控制断面水位、流量、水温、含沙量逐日变化；水环境要素监测内容包括天气、气温、表层水温、表层流速、透明度等。各断面在早期资源监测期间同步观测并记录。

繁殖群体规模：结合已有的调查资料和定性监测中鱼卵的出现情况，判断亲鱼繁殖可能出现的地点，采用救生艇携带水声学设备对亲鱼的聚集地点、数量和行为进行探测。

3）监测指标及方法

（1）种类组成：原则上，所有采集到的鱼卵和仔稚鱼都进行种类鉴定，尽量鉴定到种，无法鉴定到种的至少到属。实际工作中，为避免样本中遗漏四大家鱼，需要对所有样本逐一观察，排除四大家鱼的可能性。无法鉴定的鱼卵，统一实地培育成鳔形成期的仔稚鱼进行鉴定，仔稚鱼则直接鉴定。鉴定工作具体参考易伯鲁等著《葛洲坝水利枢纽与长江四大家鱼》、曹文宣等著《长江鱼类早期资源》。

（2）四大家鱼繁殖规模：根据逐日采集的卵苗数量、采集时间、网口面积和流速数据计算卵苗密度，根据断面流量数据推算卵苗日径流量，以反映卵苗资源量日变化。

$$卵苗密度：\quad d=\frac{n}{S\times V\times t}$$

式中：d 为采集过程中单位时间卵苗密度；n 为采集过程中累计获得的卵苗数量；S 为网口面积；V 为网口流速；t 为采集持续时间。

$$断面系数：\quad C=\frac{\sum\overline{d}}{d_1}$$

式中：C 为卵苗平均密度相比系数；d_1 为固定采样点的卵苗密度；$\overline{d}$ 为某断面各采样点的卵苗平均密度。

$$采集期间的卵苗径流量：\quad M_i=d_i\times Q_i\times C$$

式中：M_i 为第 i 次采集单位时间内通过该江断面的卵苗数；d_i 为第 i 次采集的卵苗密度；Q_i 为第 i 次采集时的断面流量；C 为卵苗平均密度相比系数。

$$非采集期间的卵苗径流量：\quad M_{i,i+1}=(M_i/t_i+M_{i+1}/t_{i+1})t_{i,i+1}/2$$

用相邻两次采集的卵苗径流量及其间隔时间进行插补计算，式中 $M_{i,i+1}$ 为第 i，$i+1$ 次采集时间间隔内的卵苗径流量；$t_{i,i+1}$ 为第 i，$i+1$ 次采集时间间隔。

$$卵苗总径流量：\quad M=\sum M_i+\sum M_{i,i+1}$$

$$卵苗日均密度：\quad d'=\frac{M'}{Q'\times C\times t'}$$

式中：d' 为某一天内估算的卵苗密度日平均值；Q' 为某一天的断面平均流量；t' 为一天 24 h，取值 86 400 s。

（3）繁殖时间和地点：获得鱼卵后使用解剖镜观测鱼卵发育期，同时记录采集时间与观察的间隔时间，根据四大家鱼胚前发育（细胞期至孵出期）期及对应的距受精时间（易伯鲁 等，1988），反推鱼卵采集时的发育期，依据早期生活史阶段发育期与水温的关系确定鱼卵采集时的发育时间，从而获得鱼卵距受精时间，即为产卵时间。产卵地点依据采集鱼卵发育期和当时的江水流速推算鱼卵漂流到采集点的距离，从而反推出产卵场位置信息。鱼卵漂流距离计算公式为

$$D=V\times T$$

式中：D 为鱼卵漂流距离；V 为断面平均流速；T 为相应水温条件下四大家鱼的胚胎发育时间。早期资源监测断面以上距离 D 的位置即为推算的产卵场位置。

5.2.2　生态调度试验实施情况

1. 历年生态调度实施情况

2011～2020 年三峡水库连续十年共开展了 14 次生态调度试验，具体时间和实施情况见表 5.3。首次试验一般是 5 月底至 6 月初，结合汛前三峡水库水位需要消落到汛限水位

145 m 的时机，短时预报上游有小幅来水过程或者预先蓄一部分水量，随后三峡水库持续加大出库流量，满足人造洪峰过程。第二次试验一般在 6 月中下旬结合自然来水过程实施，7 月份以后进入主汛期，三峡水库需要拦蓄洪水，已不具备生态调度实施条件。其中在 2017 年、2019 年和 2020 年开展了溪洛渡、向家坝、三峡梯级水库联合生态调度试验，向家坝水库和三峡水库同步加大出库流量，以满足生态调度试验要求。

　　统计了历年生态调度期间三峡及坝下宜昌断面水文指标变化范围：三峡水库出库起始流量 6 200～14 600 m³/s，出库流量日均增幅 980～3 130 m³/s（多年均值 1 780 m³/s）；宜昌断面起始水位 39.64～43.8 m，起始流量 6 450～16 500 m³/s，水位日均涨幅 0.25～1.3 m（多年均值 0.64 m），流量日均增幅 760～2 890 m³/s（多年均值 1 670 m³/s）。生态调度持续涨水历时 3～9 d，调度起始时水温除了 2013 年偏低之外，其他年份均达到鱼类繁殖的适宜范围。

表 5.3　三峡水库历年开展生态调度试验情况

年份	调度序次	生态调度起始日期	生态调度结束日期	调度涨水持续时间/d	生态调度起始时水温/℃
2011	1	6.16	6.19	4	22.8
2012	2（1）	5.25	5.31	4	21.5
2012	3（2）	6.21	6.27	4	23
2013	4	5.7	5.16	9	17.5
2014	5	6.4	6.7	3	21.1
2015	6（1）	6.7	6.10	4	22
2015	7（2）	6.25	6.27	3	23.3
2016	8	6.9	6.11	3	22.5
2017	9（1）	5.20	5.25	5	20.3
2017	10（2）	6.4	6.10	6	21.8
2018	11（1）	5.19	5.25	5	21
2018	12（2）	6.17	6.20	3	23.5
2019	13	5.26	5.31	4	20.3
2020	14	5.24	5.28	4	19.6

2. 生态调度监测期间水文过程

　　2011 年 6 月 15 日～7 月 15 日坝下宜昌江段水文过程，见图 5.10。监测期间共有 3 个明显的洪峰过程：第 1 个涨水时段为 6 月 16～19 日，持续涨水 4d，日均水位涨幅 0.89 m、日均流量增幅 1 575 m³/s；第 2 个涨水时段为 6 月 24～27 日，持续涨水 4 d，日均水位涨幅 0.94 m、日均流量增幅 2 825 m³/s；第 3 个涨水时段为 7 月 7～8 日，持续涨水 2 d，日均水位涨幅 1.67 m、日均流量增幅 5 100 m³/s。

　　2012 年 5 月 15 日～7 月 15 日坝下宜昌江段水文过程，见图 5.11。监测期间共有 5 个明显的洪峰过程：第 1 个涨水时段为 5 月 22～25 日，持续涨水 4 d，日均水位涨幅 0.20 m、日均流量增幅 575 m³/s；第 2 个涨水时段为 5 月 28～31 日，持续涨水 4 d，日均水位涨幅

1.02 m、日均流量增幅 2 425 m³/s；第 3 个涨水时段为 6 月 4～6 日，持续涨水 3 d，日均水位涨幅 0.52 m、日均流量增幅 1 700 m³/s；第 4 个涨水时段为 6 月 24～27 日，持续涨水 4 d，日均水位涨幅 0.64 m、日均流量增幅 1 600 m³/s；第 5 个涨水时段为 6 月 30 日～7 月 9 日，持续涨水 10 d，日均水位涨幅 0.73 m、日均流量增幅 2 530 m³/s。

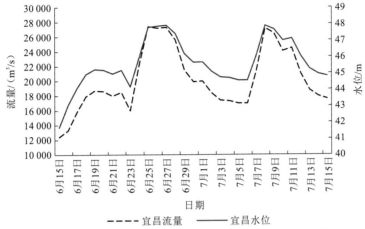

图 5.10　2011 年 6 月 15 日～7 月 15 日宜昌江段水文过程

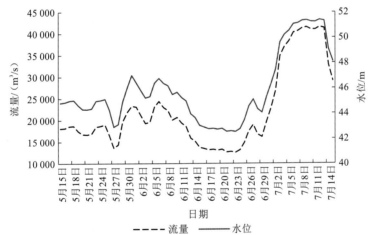

图 5.11　2012 年 5 月 15 日～7 月 15 日宜昌江段水文过程

2013 年 5 月 1 日～7 月 10 日坝下宜昌江段水文过程，见图 5.12。监测期间共有 5 个明显的洪峰过程：第 1 个涨水时段为 5 月 7～15 日，持续涨水 9 d，日均水位涨幅 0.51 m、日均流量增幅 1 259 m³/s；第 2 个涨水时段为 5 月 26 日～6 月 1 日，持续涨水 7 d，日均水位涨幅 0.33 m、日均流量增幅 913 m³/s；第 3 个涨水时段为 6 月 6～11 日，持续涨水 6 d，日均水位涨幅 0.70 m、日均流量增幅 2 210 m³/s；第 4 个涨水时段为 6 月 22～26 日，持续涨水 5 d，日均水位涨幅 0.85 m、日均流量增幅 3 072 m³/s；第 5 个涨水时段为 7 月 1～6 日，持续涨水 6 d，日均水位涨幅 0.84 m、日均流量增幅 2 666 m³/s。其中，第 2 个、第 3 个涨水过程并不连续，中间有 1 d 流量和水位陡降，分别出现在 5 月 28 日、6 月 8 日。

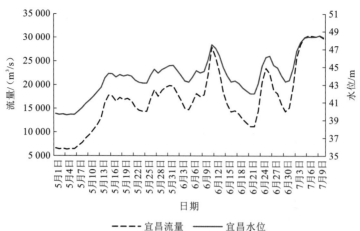

图 5.12 2013 年 5 月 1 日～7 月 10 日宜昌江段水文过程

2014 年 5 月 15 日～7 月 17 日坝下宜昌江段水文过程，见图 5.13。监测期间共有 3 个完整的洪峰过程：第 1 个涨水时段为 5 月 23 日～6 月 7 日，该次涨水比较特殊，前期为缓慢的小幅涨水过程，持续时间约 10 d，其中 6 月 4～7 日因生态调度流量涨幅进一步加大，日均水位涨幅 0.19 m、日均流量增幅 504 m³/s；第 2 个涨水时段为 6 月 20～24 日，持续涨水 5 d，日均水位涨幅 0.43 m、日均流量增幅 1 151 m³/s；第 3 个涨水时段为 6 月 29 日～7 月 4 日，持续涨水 6 d，日均水位涨幅 0.57 m、日均流量增幅 1 876 m³/s。

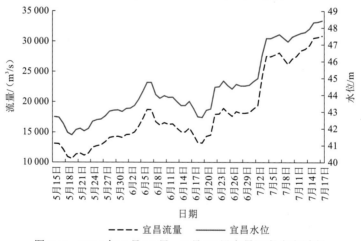

图 5.13 2014 年 5 月 15 日～7 月 17 日宜昌江段水文过程

2015 年 5 月 18 日～7 月 18 日坝下宜昌江段水文过程，见图 5.14。监测期间共有 6 个完整的洪峰过程：第 1 个涨水时段为 5 月 23 日～29 日，持续涨水 7 d，日均水位涨幅 0.20 m、日均流量增幅 512 m³/s；第 2 个涨水时段为 6 月 7～10 日，持续涨水 4 d，日均水位涨幅 1.30 m、日均流量增幅 3 181 m³/s；第 3 个涨水时段为 6 月 16～17 日，持续涨水 2 d，日均水位涨幅 0.51 m、日均流量增幅 1 500 m³/s；第 4 个涨水时段为 6 月 26～27 日，持续涨水 2 d，日均水位涨幅 1.83 m、日均流量增幅 5 800 m³/s；第 5 个涨水时段为 6 月 30～7 月 1 日，持续涨水 2 d，日均水位涨幅 1.48 m、日均流量增幅 5 412 m³/s；第 6 个涨水时段为 7 月 16～17 日，持续涨水 2 d，日均水位涨幅 1.44 m、日均流量增幅 4 075 m³/s。

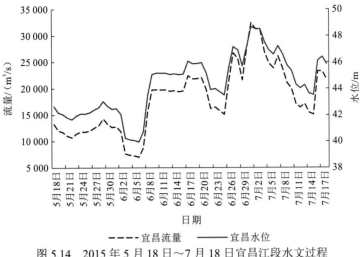

图 5.14　2015 年 5 月 18 日~7 月 18 日宜昌江段水文过程

2016 年 5 月 19 日~7 月 19 日坝下宜昌江段水文过程,见图 5.15。监测期间共有 6 个完整的洪峰过程:第 1 个涨水时段为 5 月 23~26 日,持续涨水 4 d,日均水位涨幅 0.36 m、日均流量增幅 1 050 m^3/s;第 2 个涨水时段为 5 月 31 日~6 月 4 日,持续涨水 5 d,日均水位涨幅 0.57 m、日均流量增幅 1 835 m^3/s;第 3 个涨水时段为 6 月 9~11 日,持续涨水 3 d,日均水位涨幅 0.55 m、日均流量增幅 1 775 m^3/s;第 4 个涨水时段为 6 月 15~17 日,持续涨水 3 d,日均水位涨幅 0.29 m、日均流量增幅 790 m^3/s;第 5 个涨水时段为 6 月 20~22 日,持续涨水 3 d,日均水位涨幅 0.82 m、日均流量增幅 4 587 m^3/s;第 6 个涨水时段为 6 月 25 日~7 月 2 日,持续涨水 8 d,日均水位涨幅 0.50 m、日均流量增幅 1 660 m^3/s。7 月 12 日开始最后一次涨水,至 7 月 19 日监测结束时涨水过程还在持续。

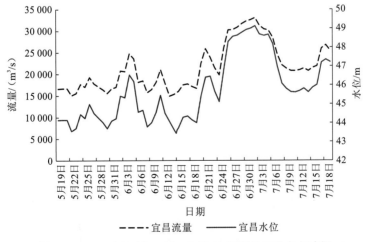

图 5.15　2016 年 5 月 19 日~7 月 19 日宜昌江段水文过程

2017 年 5 月 18 日~7 月 17 日坝下宜昌江段水文过程,见图 5.16。监测期间共有 6 个完整的洪峰过程:第 1 个涨水时段为 5 月 21~6 月 25 日,持续涨水 5 d,日均水位涨幅 0.42 m、日均流量增幅 1 050 m^3/s;第 2 个涨水时段为 6 月 4~10 日,持续涨水 7 d,日均水位涨幅

0.44 m、日均流量增幅 1 185 m³/s；第 3 个涨水时段为 6 月 13~14 日，持续涨水 2 d，日均水位涨幅 0.43 m、日均流量增幅 1 275 m³/s；第 4 个涨水时段为 6 月 16~19 日，持续涨水 4 d，日均水位涨幅 0.55 m、日均流量增幅 1 775 m³/s；第 5 个涨水时段为 6 月 26~29 日，持续涨水 4 d，日均水位涨幅 0.57 m、日均流量增幅 1 825 m³/s；第 6 个涨水时段为 7 月 5~12 日，持续涨水 8 d，日均水位涨幅 1.05 m、日均流量增幅 3 270 m³/s。

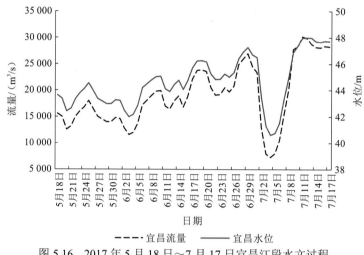

图 5.16　2017 年 5 月 18 日~7 月 17 日宜昌江段水文过程

2018 年 5 月 10 日~7 月 15 日坝下宜昌江段水文过程，见图 5.17。监测期间共有 6 个完整的洪峰过程：第 1 个涨水时段为 5 月 15~18 日，持续涨水 4 d，日均水位涨幅 0.2 m、日均流量增幅 500 m³/s；第 2 个涨水时段为 5 月 21~25 日，持续涨水 5 d，日均水位涨幅 0.59 m、日均流量增幅 1 860 m³/s；第 3 个涨水时段为 6 月 18~20 日，持续涨水 3 d，日均水位涨幅 0.56 m、日均流量增幅 1 400 m³/s；第 4 个涨水时段为 6 月 22~25 日，持续涨水 4 d，日均水位涨幅 0.38 m、日均流量增幅 1 075 m³/s；第 5 个涨水时段为 6 月 28~29 日，持续

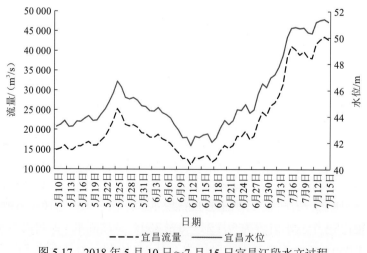

图 5.17　2018 年 5 月 10 日~7 月 15 日宜昌江段水文过程

涨水 2 d，日均水位涨幅 0.99 m、日均流量增幅 3 050 m³/s；第 6 个涨水时段为 7 月 1~7
日，持续涨水 7 d，日均水位涨幅 0.75 m、日均流量增幅 2 933 m³/s。

2019 年 5 月 13 日~7 月 13 日坝下宜昌江段水文过程，见图 5.18。监测期间共有 7
个完整的洪峰过程：第 1 个涨水时段为 5 月 14~23 日，持续涨水 10 d，日均水位涨幅
0.38 m、日均流量增幅 1 130 m³/s；第 2 个涨水时段为 5 月 28~6 月 1 日，持续涨水 5 d，
日均水位涨幅 0.25 m、日均流量增幅 760 m³/s；第 3 个涨水时段为 6 月 5~6 日，持续涨
水 2 d，日均水位涨幅 0.13 m、日均流量增幅 1 000 m³/s；第 4 个涨水时段为 6 月 11~
14 日，持续涨水 4 d，日均水位涨幅 0.32 m、日均流量增幅 925 m³/s；第 5 个涨水时段为
6 月 17~18 日，持续涨水 2 d，日均水位涨幅 1.06 m、日均流量增幅 3 150 m³/s；第 6 个
涨水时段为 6 月 23~25 日，持续涨水 3 d，日均水位涨幅 1.16 m、日均流量增幅 3 467 m³/s；
第 7 个涨水时段为 6 月 28 日~7 月 1 日，持续涨水 4 d，日均水位涨幅 0.7 m、日均流量
增幅 2 488 m³/s；第 8 个涨水时段为 7 月 9~12 日，持续涨水 4 d，日均水位涨幅 0.36 m、
日均流量增幅 1 013 m³/s。

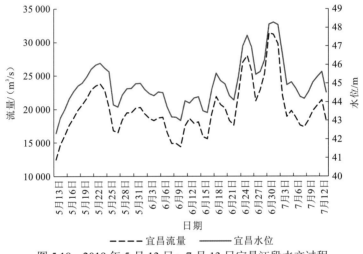

图 5.18　2019 年 5 月 13 日~7 月 13 日宜昌江段水文过程

2020 年 5 月 10 日~7 月 13 日坝下宜昌江段水文过程，见图 5.19。6 月中旬前有 3
个持续时间长但涨幅不大的涨水过程。6 月中下旬以后，水位和流量持续递增，但日间波
动变化比较显著，涨水过程一般仅持续 2~3 d。第 1 个涨水时段为 5 月 17~21 日，持续
涨水 5 d，日均水位涨幅 0.22 m、日均流量增幅 548 m³/s；第 2 个涨水时段为 5 月 25~
29 日，持续涨水 5 d，日均水位涨幅 0.40 m、日均流量增幅 940 m³/s；第 3 个涨水时段为
6 月 1~8 日，持续涨水 8 d，日均水位涨幅 0.2 m、日均流量增幅 625 m³/s；第 4 个涨水
时段为 6 月 15~16 日，持续涨水 2 d，日均水位涨幅 1.20 m、日均流量增幅 3 300 m³/s；
第 5 个涨水时段为 6 月 18~20 日，持续涨水 3 d，日均水位涨幅 1.0 m、日均流量增幅
3 000 m³/s；第 6 个涨水时段为 6 月 22~23 日，持续涨水 2 d，日均水位涨幅 1.6 m、日均
流量增幅 4 900 m³/s；第 7 个涨水时段为 6 月 28~30 日，持续涨水 3 d，日均水位涨幅 1.3 m、
日均流量增幅 4 800 m³/s；第 8 个涨水时段为 7 月 6 日，持续涨水 1 d，日均水位涨幅 1.3 m、
日均流量增幅 5 900 m³/s。

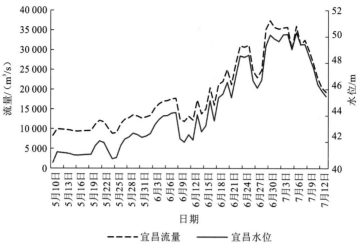

图 5.19 2020 年 5 月 10 日～7 月 13 日宜昌江段水文过程

5.2.3 鱼类群体分布对水文过程的响应

为掌握生态调度水文过程中潜在产卵场江段鱼类群体分布的时空变化,2018 年 5 月 20～5 月 27 日在长江中游枝江江段进行了四次水声学探测,探测时间覆盖生态调度前、调度中和调度后,探测范围为董市镇至七星台镇。探测设备为 Simrad EY80 型分裂波束(split-beam)鱼探仪,探测过程中鱼探仪的换能器固定于船体前舷,在水面下约 0.5 m,探测方式为垂直探测,探测换能器频率为 200 KHz,−20 dB 探测张角 7°,采样间隔 128 μs,分辨精度 0.024 m,采样功率设置为 120 W。以 Garmin 公司 GPS 60 作为导航仪,应用笔记本电脑记录探测的声学数据和相应的 GPS 位点。数据采集及分析采用 Simrad EY80 配套软件 ER80 及 Sonar5 Pro 软件。在进行探测前,采用 23 cm 的钨铜球对设备进行校准。

探测江段及探测航迹信息见图 5.20 和表 5.4。

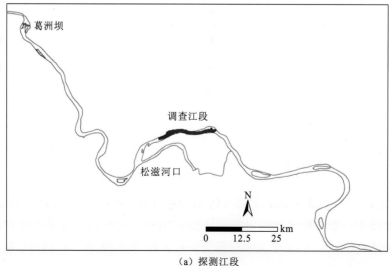

(a) 探测江段

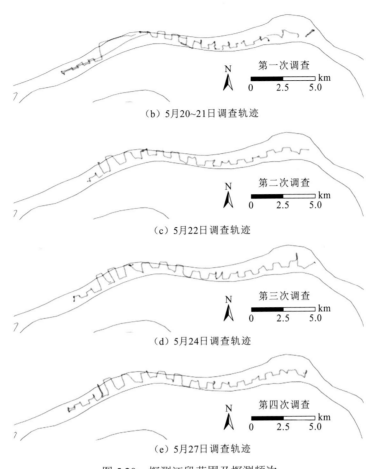

（b）5月20~21日调查轨迹

（c）5月22日调查轨迹

（d）5月24日调查轨迹

（e）5月27日调查轨迹

图5.20 探测江段范围及探测频次

表5.4 探测基本信息

探测频次	探测时间	探测范围	探测江段长度/km	探测时机
1	5月20~21日	董市镇至七星台	44.0	生态调度前
2	5月22日	董市镇至七星台	41.5	生态调度中
3	5月24日	董市镇至七星台	40.2	生态调度中
4	5月27日	董市镇至七星台	43.0	生态调度后

1. 个体目标信号强度

探测获得的鱼类个体的目标，通过 STM（single target detection method）检测获得单体鱼信号（目标信号），水声学探测情况见图 5.21，四次探测过程中共获得单体鱼信号 743 个，相关信息见表5.5。

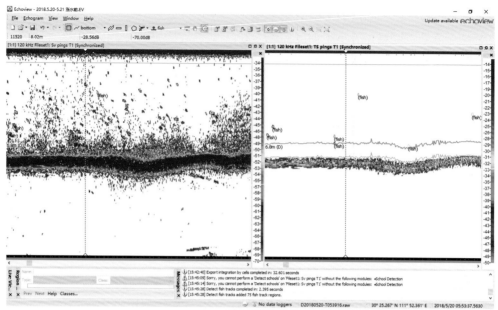

图 5.21　水声学探测现场数据处理界面

表 5.5　探测获得的单体鱼信号信息

探测时间	单体鱼数量	目标信号强度范围/dB	平均目标信号强度/dB
生态调度前 5 月 20～21 日	535	−64.89～−44.78	−59.99±3.91
生态调度中 5 月 22 日	75	−64.49～−47.79	−59.39±3.68
生态调度中 5 月 24 日	56	−64.52～−47.68	−57.90±4.68
生态调度后 5 月 27 日	77	−64.01～−43.36	−58.74±5.14

　　生态调度前（5 月 20～21 日）共识别到 535 个目标信号，目标信号强度最大-44.78 dB，最小-64.89 dB，均值-59.99±3.91 dB。鱼类目标信号强度（TS 值）频数分布呈现偏态分布，小型规格鱼类（TS：-60～-54 dB，体长范围 1～5 cm）个体占总体数量的 59.81%；中型规格鱼类（TS：-54～-48 dB，体长范围 4～10 mm）次之，占总数的 29.53%；大型规格鱼类（TS：-48～-36，体长范围 10～35 cm）为总数的 10.47%；特大型规格鱼类（TS>-36 dB，体长>32 cm）比例均极少，仅占样本总数的 0.19%。

　　生态调度期间，5 月 22 日共识别到 75 个目标信号，信号强度最大-47.79 dB，最小-64.49 dB，平均-59.39±3.68 dB。目标信号强度值换算体长，小型规格鱼类个体最多占 90%；中型规格占 8%；大型规格鱼类占 2%；无特大型规格鱼类。5 月 24 日共识别到 56 个目标信号，信号强度最大-47.68 dB，最小-64.52 dB，均值-57.9±4.68 dB。目标信号强度值换算体长，小型规格鱼类个体最多占 71.43%；中型规格占 26.79%；大型规格鱼类占 1.78%；无特大型规格鱼类。

　　生态调度后，5 月 27 日共识别到 77 个目标信号，信号强度最大-43.36 dB，最小-64.01 dB，均值-58.74±5.14 dB。目标信号强度值换算体长，小型规格鱼类个体最多占 85.71%；中型规格占 7.79%；大型规格鱼类占 6.5%；无特大型规格鱼类。

　　所得鱼类目标信号强度的频数分布见图 5.22。单因素方差分析的结果显示，调度前鱼类的目标信号强度要显著小于调度后（$P<0.05$），调度期间以及调度后鱼类的目标信号强度无显著性差异。不同探测过程中鱼类目标信号强度均值以及 95%置信区间分布情况见图 5.23。

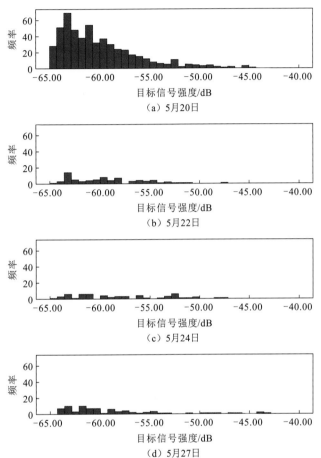

图 5.22　调度过程中鱼类目标信号强度（TS 值）频数分布变化

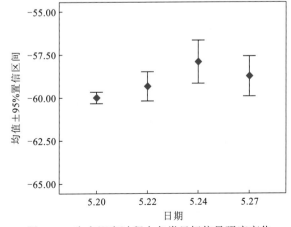

图 5.23　生态调度过程中鱼类目标信号强度变化

2. 鱼类密度

生态调度前探测获得工程科学数据组织（engineering sciences data unit，ESDU）单元 82 个。鱼类密度最高值为 1 331.96 ind./ha，位于东经 30.409 0°，北纬 111.803 7°。探测获得的鱼类平均密度（$X \pm$ SE）为 89.92 ± 22.74 ind./ha。

生态调度过程中探测分别获得单元 80 个和 70 个。5 月 22 日探测鱼类密度最高值在 120～150 ind./ha 之间，高密度鱼类分布位点位于东经 30.411 5°，北纬 111.802 0° 以及东经 30.420 0°，北纬 111.753 5°。探测获得的鱼类平均密度（$X \pm$ SE）为 11.48 ± 3.15 ind./ha。 5 月 24 日探测鱼类密度最高值为 266 ind./ha，高密度鱼类分布位点位于东经 30.396 0°，北纬 111.701 0°，探测获得的鱼类平均密度（$X \pm$ SE）为 9.96 ± 4.31 ind./ha。

生态调度后探测获得 ESDU 单元 72 个。鱼类密度最高值为 544 ind./ha，高密度鱼类分布位点位于东经 30.419 4°，北纬 111.745 1°，探测获得的鱼类平均密度（$X \pm$ SE）为 11.33 ± 7.78 ind./ha。不同探测过程中鱼类密度频数分布情况见图 5.24。

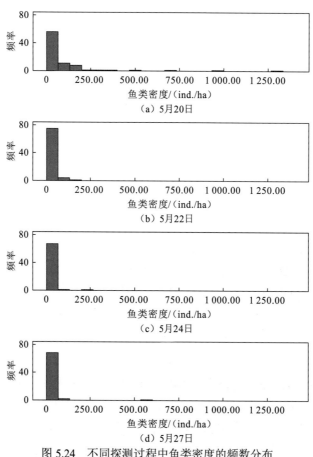

图 5.24　不同探测过程中鱼类密度的频数分布

由图 5.24 可知，鱼类密度分布较为聚集，大部分水域未探测到鱼类的分布（鱼类密度为 0.00 ind./ha）。其中：生态调度前（5 月 20 日）未探测到有鱼类分布的水域占整个探测水域的 43.90%；生态调度过程中（5 月 22 日和 5 月 24 日）未探测到有鱼类分布的水域占整个探测水域的 75.31%~81.43%；生态调度后（5 月 27 日）未探测到有鱼类分布的水域分别占整个探测水域的 88.89%。

此外，单因素方差分析的结果显示，生态调度前（5 月 20 日）探测获得的鱼类密度均值要显著高于生态调度过程中（5 月 22 日和 5 月 24 日）以及生态调度后（5 月 27 日）的鱼类密度（$P<0.05$）。生态调度中以及生态调度后，该江段的鱼类密度均值无显著性差异。不同探测过程中获得的鱼类密度均值以及 95%置信区间分布情况见图 5.25。

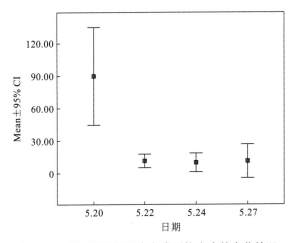

图 5.25　不同探测过程中鱼类平均密度的变化情况

3. 鱼类空间分布

通过回声计数方法获得探测区域的鱼类个体的平均密度。探测结果显示，探测水体各区域鱼类密度分布不具有明显的区域性。由于目前渔业声学识别技术无法直接进行鱼类种类的鉴别，所以该数据代表的是该江段所有的鱼类。

生态调度前（5 月 20 日）鱼类主要聚集在百里洲至七星台江段，鱼类密度分布较高的水域有 3 处，分别位于百里洲右岸，七星台左岸，密度 200~1 300（ind./ha）。生态调度过程中（5 月 22 日、24 日），整个江段鱼类密度明显下降，50~265（ind./ha），鱼类主要聚集在百里洲及上游位置，而后迁移至七星台镇、董市镇以上等水域。生态调度后（5 月 27 日）密度小幅上升，为 50~500（ind./ha），主要聚集在枝江上游及七星台水域。

如图 5.26 所示，生态调度前及生态调度起始阶段，鱼类主要聚集在百里洲至七星台水域，鱼类空间分布无明显变化，主要区别为主要鱼类聚集区密度有所降低。生态调度期间，鱼类聚集区发生明显变化，董市镇以上江段鱼类密度明显增加，其次是七星台水域。生态调度后，鱼类聚集区由董市上游向下迁移至枝江水域，鱼类密度在生态调度过程中无明显差异。

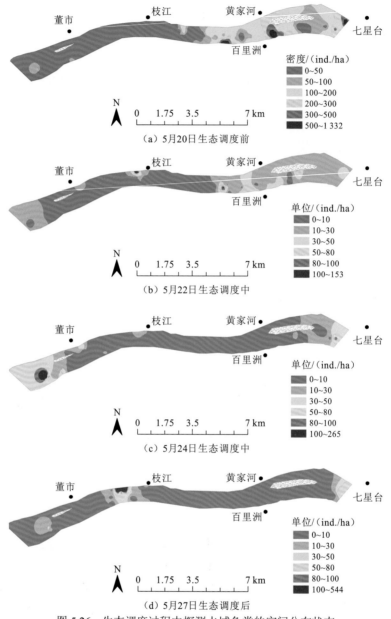

图 5.26　生态调度过程中探测水域鱼类的空间分布状态

4. 鱼类时空分布对生态调度的响应

通过上述分析可知，针对鱼类规格的变化，生态调度前鱼类的目标信号强度要显著小于生态调度期间以及调度后；针对鱼类密度变化，生态调度前调查江段鱼类的密度也显著高于调度期间及调度后，调度期间及调度后调查江段鱼类密度无显著性变化。针对鱼类时空分布，生态调度前及生态调度起始阶段，鱼类主要聚集在百里洲至七星台水域，鱼类空间分布无明显变化，主要区别为主要鱼类聚集区密度降低。生态调度期间，鱼类明显往上游聚集，董市镇以上江段密度最高。生态调度后，鱼类聚集区由董市上游向下迁移至枝江水域，鱼类密度与生态调度过程中无明显变化。

从本次水声学监测结果看出，生态调度前董市镇至七星台江段分布有相当数量的鱼类，以中小型个体的鱼类为主，大型和特大型鱼类数量极少。本次探测过程鱼类目标数量偏少，调度期间和调度后鱼类密度更低，推测其原因如下：①四大家鱼等较大型鱼类的繁殖群体尚未出现集群或是已完成繁殖，集群散开（早期资源监测得出，此次生态调度前后出现了两次产卵活动）；②探测水域不是四大家鱼等较大型鱼类的产卵场所在区域。③日内探测时间的不同也会导致鱼类集群结果的差异。

5.2.4　鱼类繁殖发生对水文过程的响应

适应于长江的季节性泛滥，长江中下游的产漂流性卵鱼类主要在春夏季繁殖，除了水温要求之外，水流条件也是刺激产卵的一个必要因素。由于每年的水温、水文情势不同，不同年份间产漂流性卵鱼类在产卵高峰时机和产卵规模方面表现出差异。2012~2020 年5~7 月流经沙市断面的鱼卵总径流量分别为：110 亿粒、637 亿粒、249 亿粒、430 亿粒、260 亿粒、154 亿粒、192 亿粒、452 亿粒、1 148 亿粒，2020 年繁殖规模显著高于其他年份。在时间差异上，2012 年产卵高峰主要在 5 月份，2015 年主要在 6 月份，2020 年产卵高峰可持续到 7 月份。统计各年份鱼卵径流量逐日变化与沙市断面流量过程的关系，见图 5.27。各年份的鱼卵径流量对断面流量的变化有积极的响应，尤其是在水温适宜的 5~6 月，伴随着江河的涨水过程，鱼卵随即发生高峰，而持续的退水过程中鱼卵明显减少。

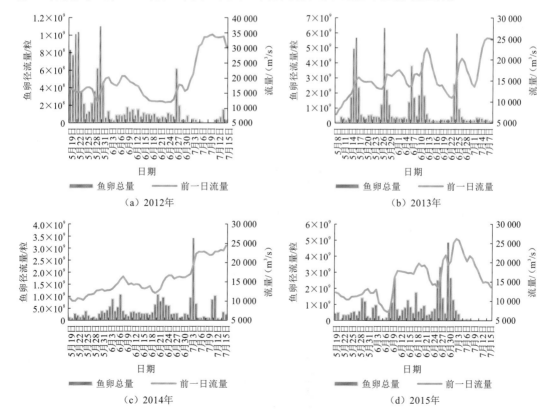

(a) 2012年　　　　　　　　　　　　(b) 2013年

(c) 2014年　　　　　　　　　　　　(d) 2015年

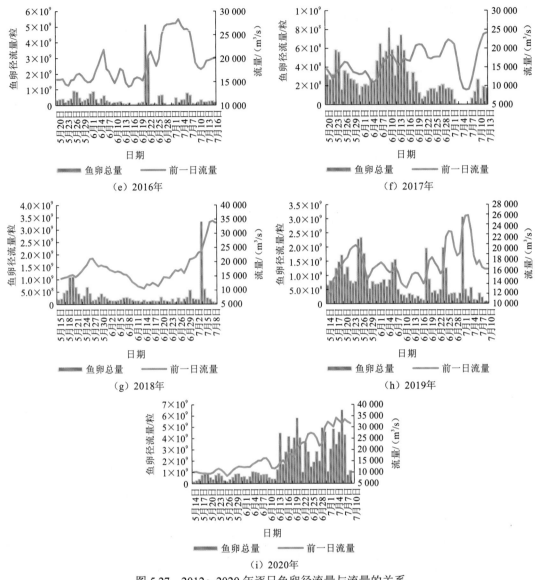

图 5.27　2012~2020 年逐日鱼卵径流量与流量的关系

进入 7 月份，鱼卵径流量对断面流量的响应规律不明显，往往出现流量很高时，鱼卵量反而很低。每年 6 月底到 7 月初，三峡泄洪导致出库流量变幅波动很大，水体混浊、河岸及库区冲刷下来的各种杂质非常多，在此期间采集的鱼卵与水中杂质混在一起，损失较大，从而导致了鱼卵径流量与断面流量的相关性下降。另一个解释是，流量的急剧变化，特别是很高的流量条件下，鱼类要消耗更多的能量来克服流速，而不会选择繁殖。例如：Yao 等（2015）研究发现，超过 8 d 的高流量事件将完全破坏科罗拉多河格伦峡谷大坝下游虹鳟和宽鳍亚口鱼的产卵生境。王煜等（2016）模拟得出当三峡水库下泄流量从 20 000 m³/s 增加大 40 000 m³/s 时，四大家鱼产卵场加权可利用面积急剧下降。

5.2.5　生态调度试验效果分析

1. 四大家鱼繁殖对生态调度的响应规律

1）响应时间

根据 2011～2020 年沙市断面四大家鱼鱼卵密度与上游枝城水文站水位变化关系可知（图 5.28），每年 5 月中下旬至 7 月中上旬，只要有明显的涨水过程都能监测到四大家鱼产卵，但持续退水过程中没有家鱼繁殖。从四大家鱼繁殖对生态调度的响应时间来看，宜都至沙市江段大多数年份在调度后的 1～3 d 即开始产卵。一个例外的情况是 2013 年三峡水

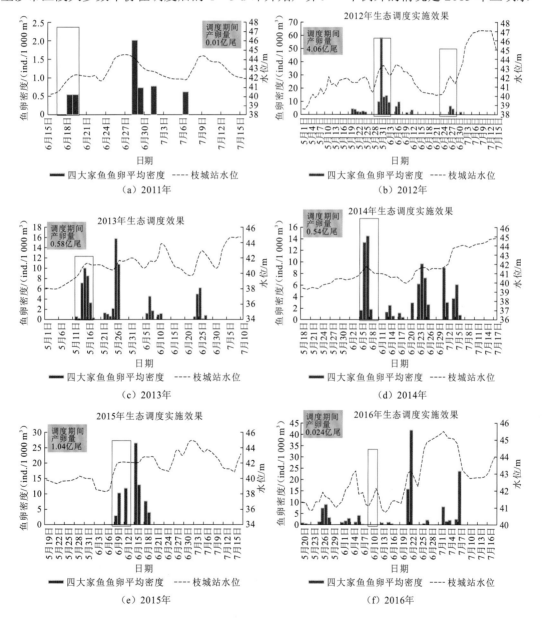

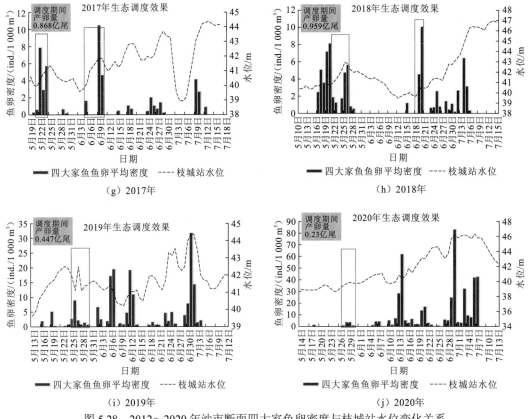

图 5.28　2012～2020 年沙市断面四大家鱼卵密度与枝城站水位变化关系

库调度持续加大泄流 6 d 后沙市断面才出现卵汛，繁殖响应时间更长，而 2013 年宜都断面没有监测到四大家鱼产卵，这可能与调度时水温偏低有关，其中沙市断面刚达到 18℃，宜都断面未达到 18℃（表 5.3）。此外，2016 年生态调度期间没有监测到四大家鱼卵，2020年生态调度期间鱼卵丰度及占比偏低（图 5.28），2016 年、2020 年四大家鱼对生态调度的涨水过程没有明显响应。

2）响应规模

在每年四大家鱼繁殖群体背景未知的情况下，通过研究生态调度期间的繁殖规模占监测期间总繁殖规模的比例，可以一定程度掌握生态调度的贡献效果。统计 2011～2020 年生态调度实施效果情况，见表 5.6。除了 2016 年以外，历次生态调度过程中都发生四大家鱼繁殖活动。每年生态调度期间的四大家鱼鱼卵量占比在 0.48%～66.56%波动。为了对生态调度效果进行评判，根据该数据进行生态调度效果等级划分，初步得出以下结论：调度效果较好的年份有 2012 年、2017 年（繁殖规模占比>50%），调度效果中等的年份有 2013年、2014 年、2015 年、2018 年（10%～50%），调度效果较差的年份有 2016 年、2019 年、2020 年（小于 10%）。另外，自 2011 年以来，沙市断面监测的四大家鱼繁殖规模总体呈波动增加趋势（图 5.29）。历年实施的生态调度对长江中游沙市江段四大家鱼繁殖规模的平均贡献率为 30%，最大贡献率为 66.6%。

表 5.6　历年生态调度期间四大家鱼繁殖规模统计

年份	调度期间鱼卵量/（亿粒）	监测期间鱼卵量/（亿粒）	生态调度期鱼卵量占比/%
2011	0.010	0.045	22.22
2012	4.060	6.100	66.56
2013	0.580	1.350	42.96
2014	0.540	1.610	33.54
2015	1.040	3.260	31.90
2016	0.024	5.020	0.48
2017	0.868	1.448	59.94
2018	0.959	2.495	38.44
2019	0.447	6.680	6.69
2020	0.230	20.220	1.14

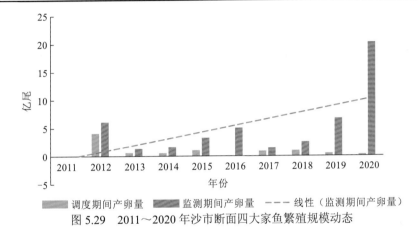

图 5.29　2011~2020 年沙市断面四大家鱼繁殖规模动态

2. 影响四大家鱼繁殖的关键水文参数

基于生态调度期间获得的鱼类繁殖及水文数据，采用 Zhang 等（2000）提出的要素-准则系统重构分析方法将一个洪水过程分解为不同的要素，选取苗汛洪峰过程的 9 个生态水文指标，包括洪峰初始水位（V_1）、水位日上涨率（V_2）、断面初始流量（V_3）、流量日增长率（V_4）、涨水持续时间（V_5）、前后两个洪峰过程的间隔时间（V_6）、前后两个洪峰过程的水位差异（V_7），起始产卵距 5 月 1 日的时间（V_8）和卵汛时序（V_9）。将上述 9 个生态水文指标作为状态变量，将单次洪峰过程的四大家鱼鱼卵径流量作为因变量，采用不同的方法对影响四大家鱼产卵规模大小的生态水文要素进行定量分析。

1）单一年份分析

对同一年份中不同涨水过程的生态—水文数据，采用趋势线拟合方法，与四大家鱼鱼卵径流量显著相关的水文参数包括持续涨水时间、水位或流量日上涨率，与以往的研究结果一致。由图 5.30~图 5.33 可知，鱼卵径流量与持续涨水时间显著相关的年份有 2012~

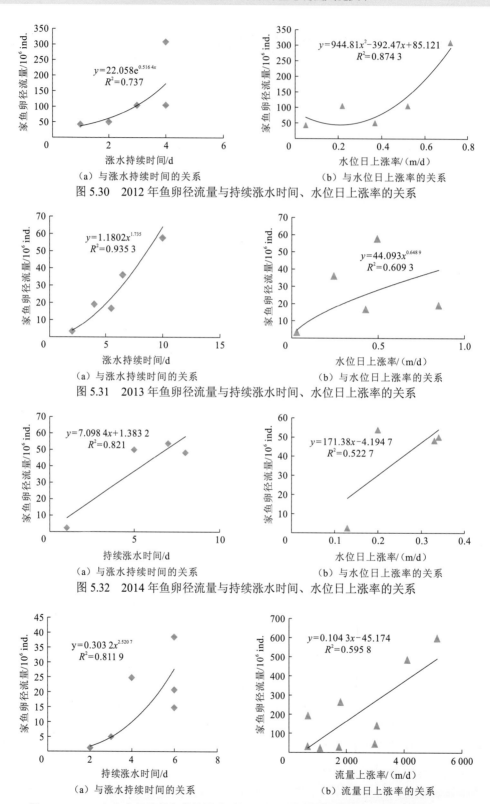

图 5.30　2012 年鱼卵径流量与持续涨水时间、水位日上涨率的关系

图 5.31　2013 年鱼卵径流量与持续涨水时间、水位日上涨率的关系

图 5.32　2014 年鱼卵径流量与持续涨水时间、水位日上涨率的关系

图 5.33　2017 年鱼卵径流量与持续涨水时间、2020 年鱼卵径流量与流量上涨率的关系

2014 年和 2017 年,与水位或流量日上涨率显著相关的年份有 2012 年、2020 年。不同的是 2015 年和 2016 年鱼卵径流量与所有水文参数都没有显著相关性。总体而言,涨水持续时间和洪峰上涨率是影响四大家鱼自然繁殖的关键水文因子,而涨水持续时间可能是首要的,在水温条件适宜时,涨水持续时间越长越好。水位或流量上涨率并不是越大越好,而是有一个适宜范围,其与涨水持续时间共同作用,刺激四大家鱼产卵。

2)所有年份分析

对所有年份的样本进行分析,首先对参数进行共性检测,采用冗余分析进行排序,其中响应变量为鱼卵径流量和调度模式(生态调度与非生态调度),预测变量为其余 9 个参数变量,然后采用方差膨胀因子(variance inflation factor,VIF)对排序结果进行度量,从而剔除显著具有共线性的因子(VIF>20)。结果显示:初始水位和初始流量的共线性明显,表明这两个因子应该被剔除。剔除初始水位和初始流量这两个因子后,RDA 排序图显示(图 5.34),其余 7 个解释变量对于样方(产卵序号,如 1,2,3,…)沿着第一轴的分布起到关键作用;四大家鱼鱼卵径流量与持续涨水天数、前后洪峰间隔天数以及水位日上涨率正相关,这 3 个参数是对四大家鱼繁殖规模起重要作用的影响因子。

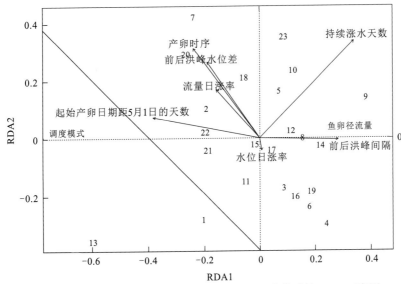

图 5.34 基于 Hellinger 转化的鱼卵径流量和调度模式的 RDA 三序图

此外,采用系统重构分析软件 GeneRec2002 对影响四大家鱼产卵规模大小的生态水文要素进行定量分析。选取代表性年份作为建模数据,根据因素和等级的重要程度排序得出,持续涨水天数、初始水位,初始流量、产卵时序也是影响四大家鱼自然繁殖规模比较重要的生态水文指标(表 5.7)。其中:持续涨水天数指标反映了洪峰过程的持续性,一般持续涨水时间越长,繁殖规模就越大;初始水位、初始流量指标表明促发四大家鱼产卵需要一定的水流刺激,初始水位、初始流量越高时,促发产卵时间越短;产卵时序指标代表了四大家鱼产卵高峰出现时间。初始水位、产卵时序、前后洪峰间隔时间等指标可以用来确定开展生态调度的时机。

表 5.7　洪峰参数影响四大家鱼繁殖的系统重构分析

排序	因素（等级）	指标名称	指标等级值
1	V_5（等级3）	持续涨水天数	4.0
2	V_1（等级3）	初始水位	41.0
3	V_9（等级3）	产卵时序	3.5
4	V_7（等级4）	前后洪峰水位差	1.6
5	V_9（等级4）	产卵时序	5.0
6	V_3（等级2）	初始流量	14 415.0
7	V_7（等级3）	前后洪峰水位差	0.8
8	V_6（等级2）	前后洪峰间隔时间	5.0
9	V_8（等级4）	产卵距5月1日天数	56.0
10	V_2（等级4）	水位日涨率	0.6
11	V_7（等级2）	前后洪峰水位差	0.4
12	V_3（等级3）	初始流量	16 485.0
13	V_4（等级4）	流量日涨率	2 300.0

3. 影响生态调度效果的主要因素

1）持续涨水时间

在掌握影响四大家鱼繁殖规模的关键水文参数的基础上，将不同年份生态调度期的生态-水文数据作为总体样本，具体分析时剔除 2011 年（监测江段不一致）、2015 年（计算方法不一致）、2016 年的数据（调度期间基本没有发生繁殖），将生态调度期间的水位日均上涨率与四大家鱼鱼卵径流量做相关性分析，发现两者呈显著正相关性（$R^2 = 0.767\,2$），表明调度期间随着水位日上涨率的增加，四大家鱼繁殖规模呈指数性增长（图 5.35）。

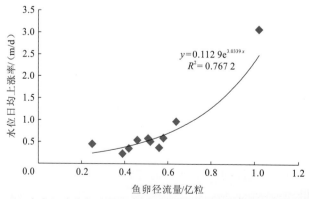

图 5.35　生态调度期间水位日均上涨率与四大家鱼鱼卵径流量的关系

此外，将生态调度期间宜昌江段持续涨水的总天数与调度期间四大家鱼鱼卵量占监测期间总鱼卵量的比例做相关性分析，发现两者之间也存在显著正相关（$R^2 = 0.700\ 4$），表明调度期间持续涨水的时间越长，生态调度的效果越明显（图 5.36）。上述分析结果表明，在不考虑年际间四大家鱼繁殖群体背景差异的前提下，生态调度期间的水位日上涨率以及持续涨水总天数这 2 个指标可以有效反映年际间生态调度的总体效果。

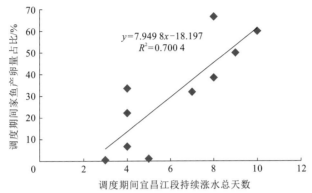

$$y = 7.949\ 8x - 18.197$$
$$R^2 = 0.700\ 4$$

图 5.36　生态调度期间持续涨水总天数与四大家鱼产卵量占比的关系

2）生态调度时机

在总结历年生态调度实施期间四大家鱼自然繁殖的响应规律基础上，有必要分析哪些年份的生态调度效果不理想？其影响制约因素是什么？进一步为生态调度方案的优化、调度参数的细化提供数据支撑。由于每年水文情势条件的不同，开展生态调度的时机，即与四大家鱼繁殖群体规模、繁殖水文过程的匹配程度，是决定该年份生态调度是否有效的一个关键因素。

生态调度效果不明显的 2016 年、2019 年、2020 年生态调度期间的生态水文指标，统计见表 5.8。如前所述，初始水位、产卵时序、前后洪峰间隔时间等指标与生态调度的时机有关。2020 年生态调度期间为四大家鱼首次发生繁殖，并且初始流量和水位均较低，性腺发育成熟的个体有限，低流量无法刺激四大家鱼进行大规模繁殖活动。2016 年、2019 年生态调度的时机尚可，但 2019 年的水位-流量涨率明显偏低、2016 年持续涨水时间较短，是四大家鱼自然繁殖的主要制约因素。此外，3 个年份的总体繁殖规模较高，这可能是 5～7月总体水量偏丰决定的，所以也导致了这 3 年调度期间繁殖比例的偏低。

表 5.8　生态调度效果不明显年份的生态水文指标统计

年份	洪峰次序	初始水位/m	水位日均上涨率/（m/d）	初始流量/（m³/s）	流量日均上涨率/（m³·s⁻¹/d）	涨水持续天数/d	前后洪峰过程间隔时间/d	前后洪峰过程水位差异/m	四大家鱼鱼卵径流量/×10⁶	产卵时序
2016	III（调度）	41.22	0.48	16 375	2 438	3	9	1.01	2.41	3
2019	II（调度）	41.14	0.13	18 200	450	4	4	0.52	47.7	2
2020	I（调度）	38.72	0.29	9 343	1 094	4	8	0.37	23.02	1

　　根据《四大家鱼三峡工程生态调度方案前期研究报告》，从长序列的水文数据分析以及就有无三峡工程（调度）对宜昌站水文过程影响的情景分析得出，三峡水库未来调度方式下，四大家鱼自然繁殖期在丰水年条件下，三峡水库运行对长江宜昌站涨水次数、总涨水时间和平均涨水时间 3 个指标影响较小，在不考虑其他因素（过饱和气、低温水等）影响的前提下，三峡工程在正常来水条件下，其调度运用对于中下游的四大家鱼的繁殖、栖息的生态水文、水力学条件的影响不明显。结合生态调度对促进四大家鱼繁殖规模不明显的 3 个年份的当年来水量充沛这一共同点，印证了上述研究报告中的结论。

第6章

中华鲟新产卵场综合调查技术

中华鲟是水生生物多样性保护的旗舰物种，也是长江珍稀保护物种的代表，其栖息繁衍能够反映长江水生态系统的健康状况。20世纪80年代以来的调查研究显示，现存葛洲坝产卵场的中华鲟繁殖时间推迟甚至中断、产卵场萎缩、繁殖群体退化、繁殖规模缩小甚至停产，野生种群岌岌可危。本章结合文献资料和监测数据，总结了1981年以来中华鲟种群及环境胁迫的变动趋势，评估分析了中华鲟濒危状况及其保护对策。为了查明在长江中下游除宜昌江段以外的其他江段是否存在新的中华鲟产卵场，2015年底至2016年初在长江中游干流阳逻至黄石道士洑江段启动了中华鲟新产卵场监测，在全面分析三峡蓄水运行后该江段河床底质、河道地形和水文节律变化的基础上，采用渔业声学探测、渔业资源调查和环境DNA监测等技术，在重点江段确定是否存在中华鲟自然繁殖活动，并分析其产卵场地点、产卵时间和产卵规模，同时在宜昌至南京江段开展中华鲟环境DNA试验性监测。

6.1　研究背景

6.1.1　中华鲟自然繁殖变迁

中华鲟（*Acipenser sinensis*）（Gray，835）为地球上最古老的脊椎动物之一，其所属的鲟鱼类出现在距今约 1.4 亿年中生代末期的上白垩纪。中华鲟是一种大型溯河产卵洄游性鱼类，在中国黄、渤海和东海大陆架生长，到长江上游金沙江下游或珠江上游繁殖。近年来的调查表明，珠江水系已经很难发现中华鲟的踪迹，长江中华鲟可能是现存中华鲟唯一的野生群体。中华鲟于 1988 年被列为国家一级重点保护野生动物，1997 年被列入濒危野生动植物种国际贸易公约（the convention on international trade in endangered species of wild fauna and flora，CITES）附录 II 保护物种，列为濒危（endengered，EN），2010 年被升级为世界自然保护联盟（International Union for Conservation of Nature，IUCN）极危级（critically endengered，CR）保护物种。

中华鲟是受水利工程影响最为显著的物种之一，在水利工程对重要生物环境胁迫的长期生态学效应研究方面属旗舰物种。受葛洲坝水利枢纽建设的影响，1981 年以来，中华鲟被阻隔在葛洲坝以下，并在此形成了新产卵场。监测结果表明，葛洲坝下江段的繁殖亲鱼数量逐年减少，繁殖规模显著下降（陶江平 等，2009；危起伟 等，2005），长期监测结果表明，葛洲坝以下磨基山至五龙江段为不稳定产卵场，偶有年份（1984 年）可监测到中华鲟的自然繁殖；虎牙滩为偶发性产卵场，1986 年和 1987 年能监测到中华鲟的自然繁殖。但在 1987 年以后，庙嘴以下江段以及虎牙滩江段再未发现中华鲟的自然繁殖活动。中华鲟自然繁殖是维持其野生种群生存的关键，其现存产卵场的萎缩和变动，可能引起自然繁殖规模的显著减小甚至消失，并直接导致了种群数量的持续下降，继而影响其物种生存。

2002 年三峡工程蓄水以后，葛洲坝坝下产卵场水文条件及其过程发生较大变动，中华鲟繁殖群体数量进一步萎缩，亲鱼成熟质量不断下降，雌雄比例严重失调（危起伟 等，2005）。近二十年来更发现其自然繁殖日期显著推迟，繁殖次数逐渐减少甚至有繁殖中断的现象（张陵 等，2022；Gao et al.，2016）；繁殖次数从每年 2 次减少到 1 次，2002 年以前首次繁殖时间维持到 10 月中下旬，2003～2006 年繁殖时间推迟到 11 月上旬，2007～2012 年又推迟到 11 月下旬，2013 年首次未监测到繁殖发生，2017 年以来连续多年未监测到自然繁殖活动。

2014 年多家科研单位在葛洲坝坝下产卵场的常规监测中仍未能发现中华鲟自然繁殖，这是葛洲坝坝下江段中华鲟产卵场首次连续 2 年未能监测到其自然繁殖活动。2015 年 4 月，中国水产科学研究院东海水产研究所于 4 月 16 日在长江口长兴岛东北侧部、上海长江大桥以东 3.5 km 处监测到 1 尾体长 10 cm 的野生中华鲟幼鱼，这是 2014 年以来在长江口水域监测到的首例野生中华鲟幼鱼。截至 2015 年 6 月 16 日，上海市长江口中华鲟自然保护区在长江口水域崇明东滩已监测到野生中华鲟幼鱼 545 尾。2015 年 4 月份监测到的中华鲟个体比往年同期偏小，其到达长江口时间与历史资料记录相比提早约 1 个月，而 6 月中旬监测到的中华鲟基础生物学特征与往年同期的差异并不显著，这表明 2014 年长江中下游江段中华鲟仍可继续自然繁殖，而其位于葛洲坝坝下江段的稳定产卵场自然繁殖活动的中断，则表明该江段中华鲟产卵场位置可能发生偏移（超出了传统的监测范围），或其自然繁殖时间可能发生变化（不在历史产卵日期范围内，监测期未能覆盖），甚至有可能在长江中下游形成了除宜昌江段以外新的中华鲟产卵场。

6.1.2　中华鲟濒危状况评估

随着人类涉水活动的加剧，如水电开发、航运、渔业捕捞、沿江及近海开发与经济发展等多方面的影响，中华鲟的栖息空间被压缩，关键生境破碎化，种群资源逐年下降，直接威胁到该物种的生存（廖小林 等，2017）。该物种在 1988 年被列为国家一级保护动物；1997 年列为濒危野生动植物种国际贸易公约（CITES）附录 II 保护物种；2010 年被世界自然保护联盟被列为 IUCN 极危物种（CR）（Wei，2010）。

濒危等级是确定物种优先保护顺序和制订濒危物种保育策略的重要依据（蒋志刚，2000）。中华鲟的生活史周期长（雌、雄鱼初次性成熟的最小年龄分别为 14 龄和 9 龄，最大年龄超 40 龄），活动范围广（图 6.1），此外由于中华鲟种质资源，环境结构和人类活动存在明显的年代差异性，中华鲟物种保护需要明确这些条件的变化对当前保护措施实施效果的制约。对此，需要全面进行中华鲟物种生活史周期、关键生境需求以及人类活动干扰的评估，在此基础上确定中华鲟物种濒危状况与等级，从而针对性地制订合理的保护对策。本章结合历史资料以及近年的监测数据，对中华鲟的资源变动趋势进行模拟，结合人类活动、环境结构的年代变迁，进行中华鲟在不同年代的濒危程度界定；并分析相应保护措施实施效果；最后进行未来物种保护框架的制定。

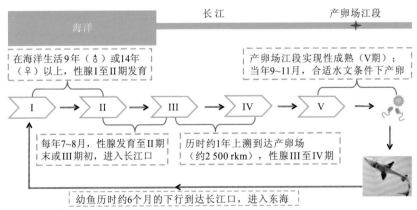

图 6.1　基于空间分布与性腺发育关系对中华鲟长江繁殖群体生活史周期的描述

1. 数据来源

影响中华鲟物种及关键栖息地的外在因素大致分为人类活动与环境结构改变等。人类活动涉及的方面很多，目前关注度较高的有繁殖亲鱼的直接捕捞（20 世纪 80 年代以前针对中华鲟繁殖群体的商业捕捞、1982～2008 年的科研捕捞）、行为干扰（如其他渔业作业活动及误捕等）等方面；针对环境结构改变，关注度较高的有大坝的阻隔效应。此外，由于中华鲟生活史完成空间广，涉及长江流域以及长江口附近海域。长江中下游社会经济发展过程中的涉水活动导致的环境副作用，如长江河道及岸线整治、航运加剧、水质污染、近海的资源开发等，均可能在一定程度上对中华鲟的栖息空间产生了影响。因此，通过上述因素对中华物种的直接影响和间接影响的汇总，将影响因素分为亲鱼捕捞（Gao et al.，2009）、行为干扰（张辉 等，2008）、阻隔效应（常剑波，1999）、水文过程改变以及其他因素（廖小林 等，2017；吴京明 等，2017）5 个方面。按照列表清单方式进行上述 5 方面因素在不同年代内是否出现，或存在的特定年限等的差异进行划分；随后，通过类比法分析各因素在不同年代内呈现的强度变化；最后，基于上述成果综合分析人类活动与环境结构改变胁迫效应的年代变化。

2. 评估方法

参考 IUCN（2010）进行中华鲟不同年代内的濒危等级（endangered category）及灭绝风险（extinction risk）的界定。评价等级划分为灭绝（extinction，EX），野外灭绝（extinction in the wild，EW），极危（critically endengered，CR），濒危（endengered，EN），易危（vulnerable VU），近危（near threatened，NT）以及无需考虑（least concern，LC）等 7 个等级（IUCN，2012）。

中华鲟濒危程度通过濒危，易危和近危 3 个分类等级来划分。采用了 Mance-Lande 物种濒危标准的 5 个等级进行分类标准的划分（A-E）。同时参考 IUCN（2012）关于参数选取标准，结合中华鲟数据可获得性，选取了产卵场江段中华鲟种群结构及变动趋势和关键栖息地占有面积两类参数来建立中华鲟濒危程度的等级划分。以繁殖群体数量作为成熟个体数量的特征指标；以关键栖息地（产卵场）的数量与质量作为栖息地占有面积的特征指标。分别采用繁殖群体数量及下降速率（A）；关键栖息地数量（产卵场数量）、栖息地质量（胁迫因素）及胁迫强度（B）；繁殖规模及下降速度（C）；种群结构特征［（雌雄性比）（D）］等 4 个指标进行描述。

在濒危等级划分过程中，指标 A 和 C 的等级划分与取值参考 IUCN 标准。指标 D 的等级划分为本书基于年代之间雌雄性比变化的拐点来确定。对于指标 B，关键栖息地面积（B2a）通过产卵场数量变化描述；栖息地质量（B2b）和胁迫强度（B2c）基于人类活动与环境结构变化对中华鲟种群胁迫因素的数据及强度变化趋势进行划分。栖息地质量主要考虑人类活动与环境结构变化等外界胁迫因素多寡的影响；胁迫强度通过胁迫因素年代变化趋势的强弱判断。建立的具体指标见表 6.1。

表 6.1　参照 IUCN 物种濒危程度划分准则建立的中华鲟濒危程度划分标准

分类等级	特征指标	极危（CR）	濒危（EN）	易危（VU）
A	繁殖群体数量（A1）	<250	<2 500	<10 000
	下降速率（%）（A2）	>80%	50%～70%	30%～50%

续表

分类等级	特征指标	极危（CR）	濒危（EN）	易危（VU）
B	关键栖息地（产卵场数量）（B2a）	=1	<5	<10
	栖息地质量（胁迫因素）（B2b）	多	较多	少
	胁迫强度（B2c）	强且持续加剧	较强且稳定	较弱且较稳定
C	繁殖规模（C1）	≤10	≤100	≤1 000
	下降速度（C2）	≥75%	40%～75%	10%～40%
D	种群结构特征（性比）（D1）	>5:1	>2:1	～1:1

3. 评估结果

按照列表清单方式对亲鱼捕捞、行为干扰、阻隔效应、水文过程改变（水库调蓄）、其他因素等 5 大影响因素存在的特定年限等的差异进行划分，结果见表 6.2。

表 6.2　人类活动与环境结构变化对中华鲟种群胁迫因素清单

年份	影响因素				
	（I）亲鱼捕捞	（II）行为干扰	（III）阻隔效应	（IV）水文过程改变	（V）其他因素
～1980	商业捕捞 400～500 ind./yr	其他渔业活动等	无	无	弱
1981～1982	商业捕捞 1 163 尾	同上	葛洲坝	葛洲坝调控	弱
1983～1992	科研捕捞 630 尾	同上	同上	葛洲坝调控	经济发展的环境副作用
1993～2002	科研捕捞 410 尾	同上	同上	葛洲坝调控	同上
2003～2012	科研捕捞 166 尾（2008 年禁止）	同上	同上	三峡工程分期蓄水	同上
2013～2017	全面禁止	同上	同上	上游梯级水库群建设运行	同上
2017 至今	全面禁止	禁止	同上	上游水库群调度	同上

通过各因素在不同年代内呈现强度变化的类比分析，亲鱼捕捞影响年代范围为 1981～2008 年，其影响分为中华鲟的商业捕捞和科研捕捞 2 个阶段。在 1983 年中华鲟的商业捕捞禁止前，过渡的商业捕捞行为导致了中华鲟亲鱼数量的大量减少；在 1983～2008 年，持续开展的科研捕捞也在一定程度上减少了繁殖亲鱼数量。行为干扰来源于关键生境和关键时期内的人类活动的干扰，如其他渔业行为及误捕，繁殖季节内对产卵场亲鱼的捕捞等，在长江商业禁捕全面实施之前，该影响一直存在。阻隔效应来源于葛洲坝截流，阻隔导致了洄游距离的缩短，产卵场数量由历史的 10 余处变成现存的 1 处，同时产卵场面积萎缩至不足原有的 1%。由于葛洲坝为径流式水电站，对水文过程的改变程度弱。水文过程改变的影响主要自 2003 年三峡蓄水开始，随着三峡水库的分期蓄水以及长江上游水库群的逐步建成与应用，导致了下泄水的水文、水温过程的改变程度逐步加强。针对长江中下游的经济发展导致的环境副作用，如长江航运、水质、沿江经济建设以及长江

口与近海开发等其他因素的影响，自 20 世纪 90 年代开始，因经济的发展程度提高而逐步加强（图 6.2）。

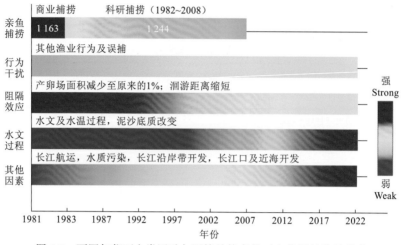

图 6.2　不同年代下人类活动与环境结构变化对中华鲟的胁迫程度

综上，在葛洲坝截流最初 2 年（1981～1982 年），影响中华鲟的主要因素为过渡的商业捕捞及葛洲坝阻隔等；1983～1992 年和 1993～2002 年影响中华鲟的主要因素为葛洲坝阻隔与科研捕捞等；2003～2012 年和 2013～2017 年影响中华鲟的主要因素为葛洲坝阻隔，三峡蓄水以及上游水库群蓄水导致的水文过程改变以及长江沿岸带及近海开发等经济发展导致的环境负作用。

基于中华鲟繁殖群体结构及变动趋势以及关键栖息地胁迫因素及胁迫强度（人类活动与环境结构变化）的影响年代变化的量化成果，同时，参照 IUCN 物种濒危程度划分准则建立的中华鲟濒危程度划分标准，进行了中华鲟不同年代下濒危等级的界定，结果见表 6.3。中华鲟在 1983～1992 年代进入濒危程度，在 2003～2012 年代进入极危程度。

表 6.3　中华鲟在不同年代的濒危程度

		～1981 年	1983～1992 年	1993～2002 年	2003～2012 年	2013～2017 年
A	繁殖群体数量（A1）	>10 000	2 176 ± 1 016	363 ± 292	205 ± 21	79 ± 32
	下降速率（%）	NE	78.2%	83.3%	43.5%	61.5%
B	关键栖息地数量（B2a）	产卵场>10	产卵场=1	产卵场=1	产卵场=1	产卵场=1
	胁迫因素（B2b）	I	I、III	I、II、III	II、III、IV、V	III、IV、V
	胁迫强度（B2c）	较稳定	I较稳定；III强	均强且稳定	II 和 III 强且相对弱化；IV 和 V 强度持续加剧	III 强且相对弱化；IV 和 V 强度持续加剧
C	参加繁殖群体（ind./a）*	>200	～76.5	～17.7	～8.5	～1.0
	下降速度	NE	74.7%	76.8%	52.23%	93.6%

续表

		～1981 年	1983～1992 年	1993～2002 年	2003～2012 年	2013～2017 年
D	性比（D）	1:1	1:1	2:1	～9:1	>10:0
对应标准符合程度		NT	EN: A2; B2ab (i, ii, iii, iv, v); C2a (ii)	EN: A1, A2; B2ab (i, ii, iii, iv, v); C2a (ii); D1	CR: A1, A2a; B2a; C2a (ii); D1	CR: A1, A2a; B2ab (i, ii, iii, iv, v) c; C2a (ii); D1
评估结果		近危	濒危	濒危	极危	极危

注：表中 NE 代表未评估（not evaluated）；*参加繁殖群体为基于繁殖规模数量的反推结果；按照中华鲟怀卵量（～60 万粒/尾）进行统计，分别求出各年度参加繁殖的中华鲟亲鱼的雌鱼数量。胁迫因素 I-V 分别指亲鱼捕捞、行为干扰、阻隔效应、水文过程改变和其他因素，见表 6.3。

6.2 中华鲟新产卵场调查结果及技术分析

6.2.1 河道水文底质调查

2016 年 1 月 11 日至 1 月 20 日，水利部长江水利委员会水文局中游局开展了水文底质调查。调查范围为白浒镇江段 14 km、戴家洲江段 17 km、道士洑江段 15 km 江段。流速及水深调查采用 YSI 公司生产的 ADCP 多普勒流速剖面仪（型号为河流调查者 M9 型）对探测江段进行走航式调查，其中：白浒镇江段布设 10 个断面；戴家洲江段左汊、右汊分别布设 7 个断面；道士洑江段 15 个断面，断面间距 500～1 000 m。调查时通过 GPS 同步记录航迹和断面坐标。调查断面见图 6.3。流速数据后期处理时，每个断面按间距 100～200 m 提取测速垂线，每条垂线 3 个测点，对各个断面的三维流速数据处理进行提取，垂向提取出相对水深 0 M、0.6 M、1.0 M 的流速数据，即表层、中层、底层的流速大小和方向，绘制流速适量分布图和流向图，垂线水深绘制水深分布图。底质调查采用水下视频设备直接进行底质观察和记录。

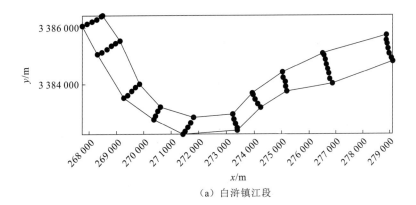

（a）白浒镇江段

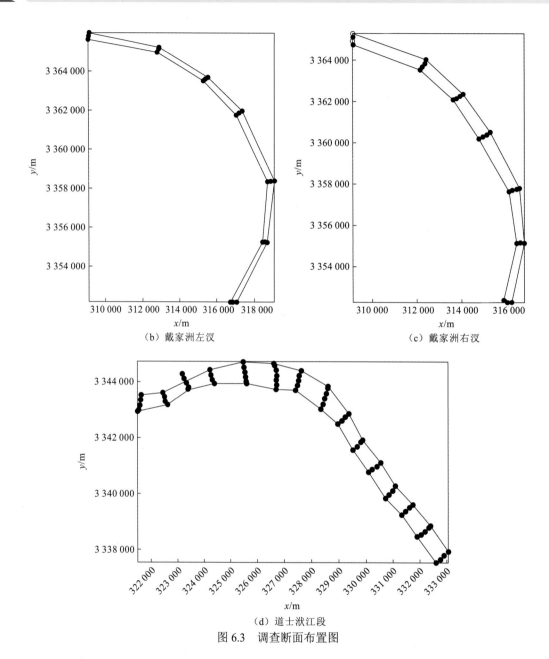

（b）戴家洲左汊　　　　　　　　　　　　　（c）戴家洲右汊

（d）道士洑江段

图 6.3　调查断面布置图

1. 河道地形及河床质情况

1）白浒镇江段

白浒镇河段上游为沐鹅洲，下游为白浒镇深槽，白浒镇为天然矶头，其下游为赵家矶边滩，以及赵家矶、泥矶等天然节点，滩体附近河宽约为 4 km，节点附近河宽约为 2.1 km。江段内边滩较为发育，有沐鹅洲边滩、赵家矶边滩。沐鹅洲边滩是江心洲式边滩，左汊在汛期高水时过水，枯水季断流并与河岸连成一体，此边滩随着沐鹅洲的冲淤而变化。其变化规律为：在一个水文年内，涨水时冲刷、退水时淤积；大沙年淤积，小沙年冲刷。

赵家矶边滩紧邻泥矶上游，受上游水沙作用，边滩呈冲刷萎缩（图6.4）。

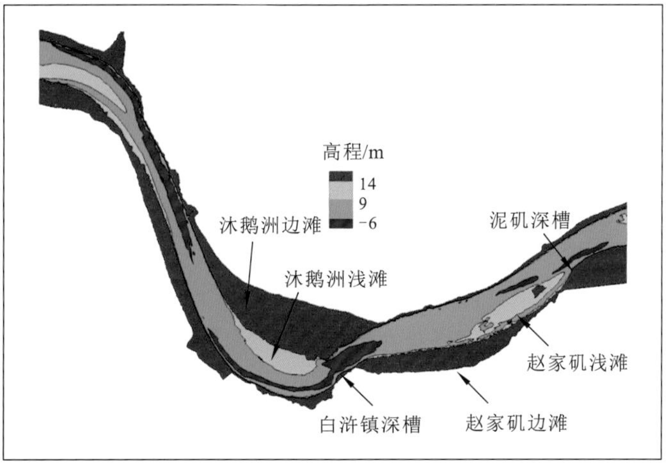

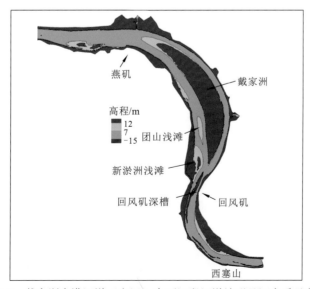

图 6.4　白浒镇江段河道地形及河床质示意图

以 9～14 m 等高线区分江段内浅滩分布情况，其中：沐鹅洲浅滩位于沐鹅洲临江侧，面积约 3 300 km²；赵家矶浅滩位于赵家矶与泥矶控制节点之间，面积约 2 900 km²。

白浒镇深槽位于沐鹅洲浅滩下游，其-6 m 等高线下的面积为 3 100 km²，深槽水深为 20～46 m。下游泥矶深槽-6 m 等高线下的面积为 1 000 km²，深槽水深为 20～23 m。

2）戴家洲直港汊道（右汊）中下段

戴家洲河段上游有团山浅滩、新淤洲浅滩，下游有回风矶深槽，回风矶为天然矶头，滩体附近河宽约为 3.1 km，节点附近河宽约为 1.2 km。戴家洲位于燕矶与回风矶之间，新淤洲位于戴家洲右汊洲尾附近。戴家洲与新淤洲历年平面位置较为稳定，尤其是新淤洲历年冲淤变化甚小，该洲基本稳定。相对新淤洲而言，戴家洲变化稍大，戴家洲洲头淤长，而洲右缘略有冲刷，洲左缘以及洲尾相对稳定，洲体面积总体略有减小（图6.5）。

图 6.5　戴家洲直港汊道（右汊）中下江段河道地形及河床质示意图

以 7～12 m 等高线区分江段内浅滩分布情况，其中：团山浅滩、新淤洲浅滩位于戴家洲右汊中下段，面积分别约 490 km² 和 1 450 km²；散花洲浅滩位于回风矶下游，面积约 1 600 km²。

回风矶深槽位于新淤洲下游，深槽平面位置多年来相对稳定，在-15 m 等高线下的面积 700 km²，深槽水深为 27～32 m。

3）道士洑河段

道士洑河段上游有散花洲边滩，中部有西塞山节点和深槽，下游有韦源洲边滩，滩体附近河宽约为 2.6 km，节点附近河宽约为 0.8 km。该江段上游弯道左岸散花洲有一边滩，散花洲边滩滩长多年来基本稳定，只是滩唇冲淤交替。散花洲边滩变化与上游来水来沙密切相关，枯水年边滩淤长发展，丰水年边滩则冲刷缩小（图 6.6）。

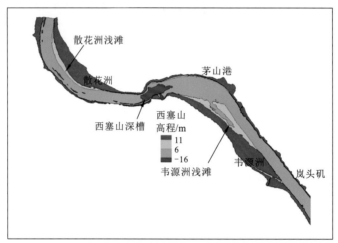

图 6.6　道士洑河段河道地形及河床质示意图

西塞山深槽，该深槽由特殊地形构造、边界条件以及河道形势所决定。西塞山附近江面束狭，河床下切，历年最深达-66.7 m（1998 年）。受上游水沙作用，深槽冲淤交替，深槽最深点高程变幅为±2.8 m。总体上，西塞山深槽范围以及最深点高程有所变化，而深槽平面位置相对稳定。

韦源洲紧邻韦源口，偏靠右岸。受水沙作用，韦源洲历年冲淤交替，由最初的边滩形式演变为现在的江心洲。洲体呈淤积趋势，其变化主要集中在洲头部位，洲头历年淤积上提，洲体左、右缘及洲尾变化较小，洲顶高程变幅甚小，洲滩平面位置较为稳定。

以 6～11 m 等高线区分江段内浅滩分布情况，其中：散花洲浅滩位于散花洲临江侧，面积约 1 600 km²；韦源洲浅滩位于西塞山下游，面积约 3 200 km²。

西塞山深槽在-16 m 等高线下的面积为 900 km²，深槽水深为 27～55 m。

4）蕲州河段

蕲州河段上游有一潜州，中部有凸出黄桑口，下游左岸有贴岸边滩，滩体附近河宽为 3.7 km 左右，节点附近河宽为 1.6 km 左右。蕲州潜洲位于黄桑口上游，靠近河道右侧，目前为边滩式江心洲，枯水期时露出水面，中、高水时则被淹没。洲尾附近有黄桑口天然节点控制冲淤幅度较小；潜洲洲头冲淤变化较大，历年洲头上提下移交替发生。潜洲左汊为主汊，右汊为支汊，洲体变化与左右汊河床冲刷密切相关。多年来，蕲州潜洲合并、分割变化频繁，但平面位置基本稳定（图 6.7）。

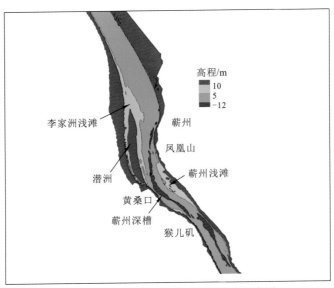

图 6.7　蕲州河段河道地形及河床质示意图

以 5～10 m 等高线区分江段内浅滩分布情况，其中：李家洲浅滩位于潜洲周围，面积约 2 400 km²；蕲州浅滩位于蕲州下游，面积约 1 700 km²。

蕲州深槽位于凤凰山至猴儿矶控制节点之间，在-12 m 等高线下的面积为 2 200 km²，深槽水深为 22～37 m，深槽呈狭窄状，宽度平均为 200 m。

2. 河床的组成和分布情况

根据 2015 年 11 月固定断面床沙质观测成果分析四个江段河床的组成和分布。

1）白浒镇江段

白浒镇江段床沙质中值粒径范围为 0.128～0.173 mm，平均粒径范围为 0.132～0.293 mm，最大粒径为 7.30 mm，主要位于 CZ61 固定断面（赵家矶浅滩位置）。

表 6.4　白浒镇江段固定断面床沙质粒径特征表

序号	固定断面	最大粒径 D_{max}/mm	中值粒径 D_{50}/mm	平均粒径 D/mm
1	CZ58	5.00	0.173	0.175
2	CZ59	5.30	0.169	0.199
3	CZ59+1	5.30	0.171	0.240
4	CZ60	6.70	0.143	0.293

续表

序号	固定断面	最大粒径 D_{max}/mm	中值粒径 D_{50}/mm	平均粒径 D/mm
5	CZ60+1	3.30	0.165	0.184
6	CZ61	7.30	0.128	0.132
7	CZ62	2.00	0.161	0.169

2）戴家洲直港汊道（右汊）中下段

戴家洲直港汊道（右汊）中下段床沙质中值粒径范围为 0.160～0.222 mm，平均粒径范围为 0.186～0.287 mm，最大粒径为 9.80 mm（表 6.5），主要位于 CZ82 固定断面（新淤洲浅滩位置）。

表 6.5　戴家洲直港汊道（右汊）中下段固定断面床沙质粒径特征表

序号	固定断面	最大粒径 D_{max}/mm	中值粒径 D_{50}/mm	平均粒径 D/mm
1	CZ81	5.80	0.190	0.248
2	CZ82	9.80	0.222	0.287
3	CZ82+1	5.00	0.169	0.195
4	CZ83	6.90	0.160	0.190
5	CZ83+1	6.50	0.164	0.186

3）道士洑河段

道士洑河段床沙质中值粒径范围为 0.142～0.506 mm，平均粒径范围为 0.158～1.88 mm，最大粒径为 21.4 mm（表 6.6），主要位于 CZ84+1 固定断面（散花洲浅滩位置），CZ89 固定断面最大粒径为 16.9 mm，位于韦源洲浅滩。

表 6.6　道士洑河段固定断面床沙质粒径特征表

序号	固定断面	最大粒径 D_{max}/mm	中值粒径 D_{50}/mm	平均粒径 D/mm
1	CZ84	5.70	0.161	0.164
2	CZ84+1	21.4	0.506	1.880
3	CZ85	3.70	0.190	0.358
4	CZ85+1	2.00	0.142	0.158
5	CZ86	15.6	0.177	0.589
6	CZ87	5.80	0.172	0.201
7	CZ87+1	6.00	0.172	0.201
8	CZ88	2.00	0.174	0.181
9	CZ89	16.9	0.223	1.850
10	CZ90	5.50	0.203	0.207
11	CZ90+1	2.70	0.175	0.211

4）蕲州河段

蕲州河段床沙质中值粒径范围为 0.035～0.200 mm，平均粒径范围为 0.052～0.388 mm，最大粒径为 7.100 mm（表 6.7），主要位于 CZ97 固定断面（蕲州浅滩位置），CZ94 固定断面最大粒径为 6.10 mm，位于李家洲浅滩。

表 6.7　蕲州河段固定断面床沙质粒径特征表

序号	固定断面	最大粒径 D_{max}/mm	中值粒径 D_{50}/mm	平均粒径 D/mm
1	CZ93	2.000	0.168	0.157
2	CZ94	6.100	0.192	0.204
3	CZ95	2.000	0.164	0.201
4	CZ96 左汊	1.000	0.109	0.119
5	CZ96 右汊	0.567	0.035	0.052
6	CZ96+1	2.000	0.116	0.114
7	CZ97	7.100	0.197	0.388
8	CZ98	3.300	0.200	0.182

3. 河道水文水力学条件状况

为获取疑似产卵场江段详细水文水力学条件，对白浒镇、戴家洲至道士洑江段 3 个江段重点开展了水文底质调查，由于调查时水体浑浊，水下摄像机无法成像，故未获得有效可识别的水下底质情况。水文调查共获得 39 个断面数据，提取 174 条垂线共 696 个水深及流速数据，各江段调查结果如下。

1）白浒镇江段

（1）水深。白浒镇江段调查范围内水深为 6～42 m，河床地形起伏大，呈明显浅滩-深槽-浅滩的分布特征，最深处水深超过 40 m，见图 6.8～图 6.12。白浒镇江段上部水深分

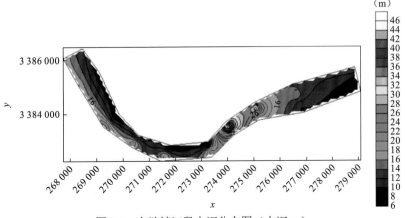

图 6.8　白浒镇江段水深分布图（水深 m）

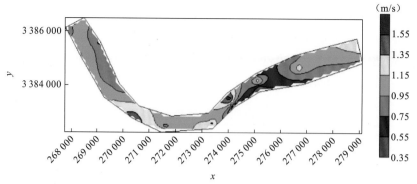

图 6.9 白浒镇江段平均流速等值线图（流速 m/s）

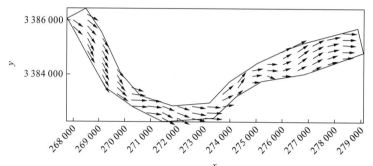

图 6.10 白浒镇江段平均流速矢量图（流速 m/s）

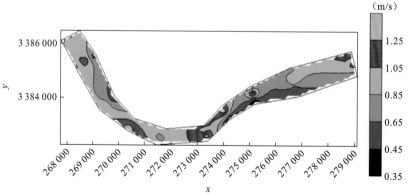

图 6.11 白浒镇江段底层流速等值线图（流速 m/s）

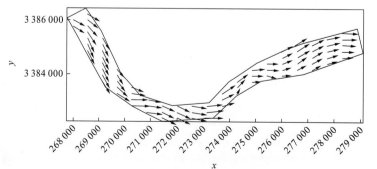

图 6.12 白浒镇江段底层流速矢量图（流速 m/s）

布较为均匀，地形起伏不大，水深多在 16 m 上下，中部江段左侧为一浅滩，水深较浅，水深在 8 m 以下，紧邻浅滩下游河道矶头段为白浒镇深槽，水深在 30～40 m，往下游有另一处深槽，水深比矶头段白浒镇深槽要浅，水深在 30 m 上下。白浒镇江段的地形呈浅滩—深槽—深槽—浅滩的分布特点，局部地形复杂，水深的差异非常明显。

（2）流速。通过分析 10 个断面不同垂线的流速，对平均流速、底层（相对水深 1.0）流速采用克里金法插值计算，绘制成不同情况的流速场分布。

从流速分布来看，流速基本沿河道方向，平均流速和底层流速方向差别不大，受地形影响，底层流速在矶头段白浒镇深槽偏向左岸，随后偏向右岸，水流流态复杂多变，而在河道顺直段，流速基本上沿河道方向顺直。流速大小不等，上部左岸流速为 0.65～0.85 m/s，右岸较左岸流速大，为 0.85～1.05 m/s。地形起伏大的区域流速部分更为不均和复杂，深槽处流速在 1.2 m/s 上下，深槽右岸多在 0.65 m/s 以下，形成多种流速分布的格局。

2）戴家洲江段

（1）水深。戴家洲江段右汊和左汊水深变化不大，水深基本在 10 m 左右，分叉处下游有一小型深槽，水深超过 20 m，但深槽面积较小（图 6.13）。由于戴家洲中部有一较大江心洲，河道地形条件不太复杂，较白浒镇江段简单。

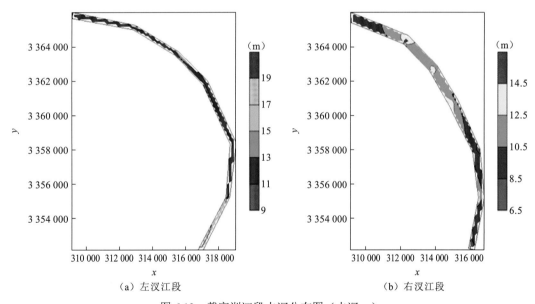

图 6.13　戴家洲江段水深分布图（水深 m）

（2）流速。戴家洲左、右汊江段流速分布见图。戴家洲左汊江段上部平均流速在 1 m/s［图 6.14（a）］，下部江段较小，在 1 m/s 以下，右侧流速与左侧相比变化不大［图 6.14（b）］。底层流速较小，基本上在 1 m/s 以下［图 6.15（a）］，右汊江段下部流速在 0.65 m/s 以下［图 6.15（b）］。总体上戴家洲江段流速不大，超过 1 m/s 的区域很少。

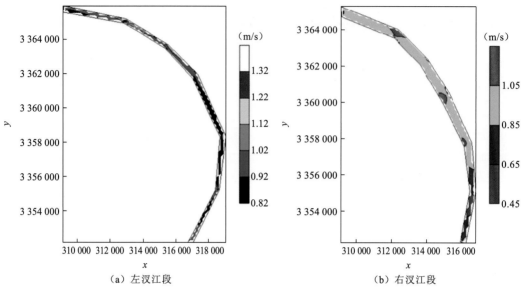

图 6.14　戴家洲江段平均流速等值线图（流速 m/s）

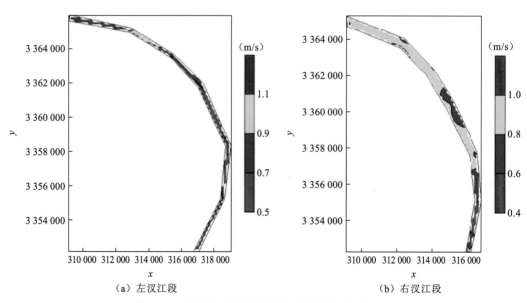

图 6.15　戴家洲江段底层流速等值线图（流速 m/s）

3）道士洑江段

（1）水深。道士洑江段调查范围内水深变化大，不仅有大面积深槽分布，而且在深槽下部有大面积浅滩分布。水深为 6～50 m，深槽最深处超过 50 m。调查江段上游即为一较大面积深槽，深槽以下江段河道中泓水深变化不大，在右岸有大面积浅滩。河道地形特点为深槽、浅滩交错分布，生境复杂（图 6.16）。

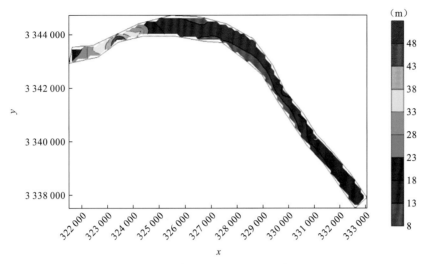

图 6.16　道士洑江段水深分布图（水深 m）

在调查的 3 个疑似产卵场江段中，道士洑西塞山深槽水深最大，最深处达 50 m 以上，且深槽的面积较大，紧邻深槽下游江段水深在 20 m 左右，左侧和右侧均有浅滩分布，右侧大面积浅滩水深在 10 m 以下，主河道水深多在 20 m 上下。

（2）流速。在 3 个调查江段中，流速分布不均，流速多样性明显，深槽上游江段平均流速 0.95～1.15 m/s，深槽的流速明显偏小，在 0.7 m/s 以下，深槽以下主河道流速在 1 m/s 以上，部分主河道流速达 1.35 m/s 以上，在下游江段右岸流速在 1 m/s 以下。底层流速分布与平均流速类似（图 6.17～图 6.20）。

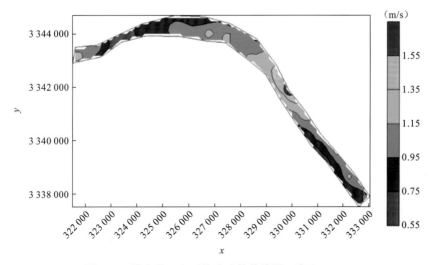

图 6.17　道士洑江段平均流速等值线图（流速 m/s）

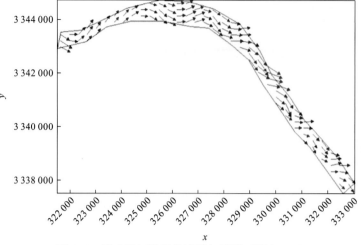

图 6.18　道士洑江段平均流速矢量图（流速 m/s）

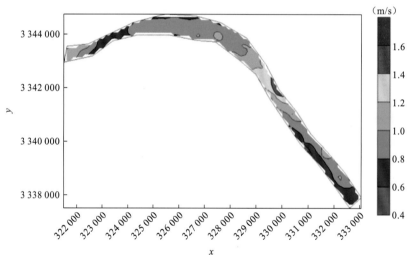

图 6.19　道士洑江段底层流速等值线图（流速 m/s）

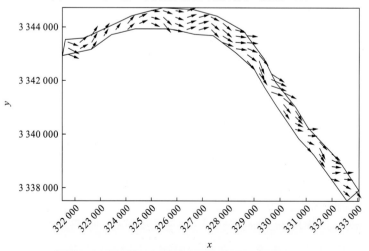

图 6.20　道士洑江段底层流速矢量图（流速 m/s）

6.2.2　水声学调查

为全面了解中华鲟在白浒镇江段、戴家洲江段、道士洑江段的分布状况，2015~2016年调查期间 4 个航次的调查均覆盖了武汉阳逻大桥至黄石蕲州镇下游整个江段水域，探测江段长约 150 km。探测采用平行线航行路线和之字形航行路线交叉进行，通过航迹疏密相结合的方式了解重点江段和非重点江段的鱼类分布情况。

对于平行线走航路线，全江段非重点江段按照约 500 m/断面进行走航式探测，重点江段按照 100~200 m/断面进行走航式探测；之字形走航路线，非重点江段按照边角为 60°的三角形路线进行走航探测，重点江段按照平行线对角线走航。探测总航程约 4 000 km，探测的基本信息见表 6.8，路线见图 6.21，各航次全江段探测的平均航速为 10~12 m/h，探测获得原始数据共约 35 G。

调查采用频率为 70 KHz 和 120 KHz 的 Simrad EY60 型分裂波束鱼探仪同步进行声学探测。探测采用水利部长江水利委员会水文局中游局 307 水文监测船携带的双频鱼探仪进行走航式探测，并在探测之前选择合适水域完成两套设备在该水域应用的校准。探测过程中将两种频率的换能器固定于同一平台，置于监测船同侧，入水深约 0.5 m，方向垂直向下。同时采用 Garmin 公司生产的 GPS 60CS 进行导航，利用便捷式笔记本电脑进行 Simrad EK60 程序运行，以及进行声学数据和 GPS 数据的同步存储，探测过程中鱼探仪的发射功率设置为 300 W；脉冲宽度设置为 256 us。探测路线为平行线走航路线和之字形走航路线交叉进行。

表 6.8　武汉阳逻大桥至黄石蕲州镇下游渔业声学调查基本信息表

航次	探测时间	有效探测长度/km	断面数量	平均水深/m	探测方式
1	2015.11.25~12.07	343.2	355	9.03	平行线走航
2	2015.12.08~12.15	285.2	282	9.18	之字形走航
3	2016.01.07~01.14	328.8	366	8.38	平行线走航
4	2016.01.15~01.20	276.3	271	8.29	之字形走航

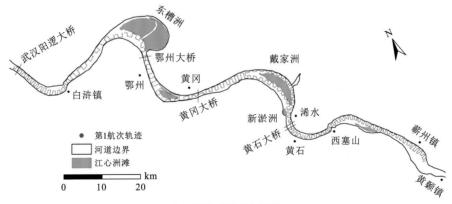

（a）第1次探测航次轨迹

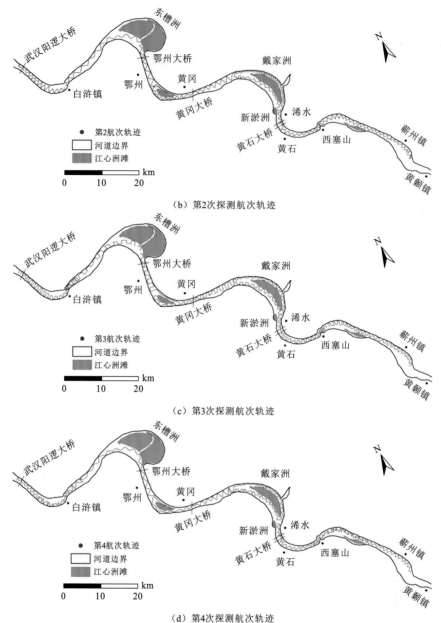

(b) 第2次探测航次轨迹

(c) 第3次探测航次轨迹

(d) 第4次探测航次轨迹

图 6.21　武汉阳逻大桥至黄石蕲州镇下游渔业声学调查范围及航迹

1. 声学数据分析

1）分析阈值设置

分析阈值设置使用专业软件 Echoview 6.1 进行声学数据处理。利用单体检测方法进行单体鱼信号的鉴别与检测，运用频差分析方法进行杂波的过滤，剔除气泡、悬浮泥沙等信号干扰，随后采用回波信号积分法进行鱼类资源密度计算。数据分析过程中，中华鲟疑似信号目标信号强度阈值判别范围设置为-31～-16 dB，其他鱼类目标信号强度的阈值设置范围为-60～-18 dB。

2）数据频差分析

在本次探测过程中，由于受到航船尾流气泡、悬浮泥沙等因素的干扰，在高频率探测条件下表现出强烈的瑞利散射现象。因此，结合双频探测结果进行综合分析，基于频差分析法可将探测信号中泥沙信号的剔除，提高积分信号的准确度。探测的典型回波映像见图 6.22。

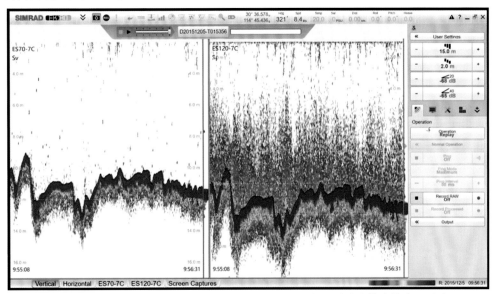

图 6.22 泥沙在频率为 120 KHz（左）和 70 KHz（右）回波映像中的表现形式

在回波映像数据的处理过程中，将不同类型的回波映像进行分类，长江中主要的干扰回波来自于表层的航行尾流气泡回波和悬浮泥沙回波。手工剔除长江表层附近的航行尾流气泡回波、空化效应引起的回波断裂和江底多重回波等映像。重新设置表层积分上限和江底积分下限，保留用于评估渔业资源量的鱼群和单体鱼映像数据。然后利用差频技术过滤悬浮泥沙回波，处理流程参见图 6.23。利用泥沙在瑞利散射区的不同频率响应，高频大于低频的特性，而鱼类为有鳔鱼，基本无频差特性的特点，使用频差（70～120 kHz）后正分贝数的结果，将泥沙回波屏蔽，剩下的为鱼类回波。

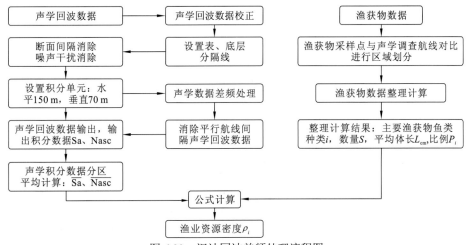

图 6.23 泥沙回波差频处理流程图

悬浮泥沙回波差频处理流程图由 Echoview 软件各个计算模块组成。各计算模块由计算通道线连接，构成整个悬浮泥沙差频处理计算阵列。各计算模块由 70 kHz Raw 和 120 kHz Raw 数据计算模块开始至差频处理后 Match ping times LHS（left hand side，表示无气泡性物质，包括浮游动物和悬浮泥沙回波信号）和 Match ping times RHS（right hand side，表示气泡性物质、尾流气泡和鱼类回波信号）数据计算模块结束，在各个计算模块内，软件根据设定参数对数据进行采样和屏蔽计算，最终达到对悬浮泥沙和鱼类分类的目的。

3）鱼类密度分析

采用回波积分法声学发射系数积分值（nautical area scattering coefficient，NASC）进行资源密度计算，每个平行声学断面鱼类等目标的声学 NASC（sa）的积分单元间隔（engineering sciences data unit，ESDU）为 150 m，计算统计两次调查去程和回程的各区域的渔业资源分布现状。使用 Echoview 的网格积分法，将深度网格设置成大于深度的值，水平网格设置成 150 m 间隔。获得水平间距 150 m 的 sa 和 NASC 值。考虑到采样的强度问题，如果两边超出平行测线的部分小于 50 m，按照测线内回波进行积分。

4）鱼类空间分布差值

将探测断面分解成若干分析单元进行分析，其中每隔约 150 m 的探测长度作为一个积分单元，在每个积分单元中，为了克服近声场的影响，积分数据仅限于换能器 2 m 至水底层的数据。最后将积分数据导入 ArcGIS 10.1 平台，对鱼类密度分布进行插值分析，获得鱼类时空分布的 GIS 影像。插值方法见陶江平等（2010）及 Tao 等（2012）。

5）鱼类密度

为了将渔业声学调查数据和渔获物统计数据进行联合分析，本次调查结合渔获物在白浒滩、黄石、西塞山和蕲州镇附近水域进行网具采样的结果进行综合分析，分析按照上述渔获物采集大致水域将声学探测数据进行 4 段的分类，分为武汉阳逻大桥至白浒镇江段（Ⅰ）、白浒镇至黄冈大桥江段（Ⅱ）、黄冈大桥至新淤州江段（Ⅲ）以及西塞山上游至蕲州镇（Ⅳ）四个分析区段，具体划分结果见图6.24。

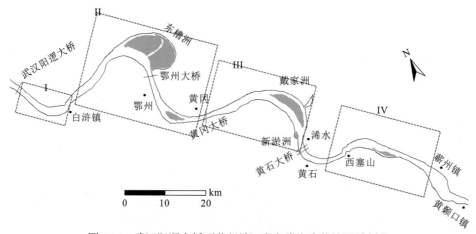

图 6.24　武汉阳逻大桥至蕲州镇江段鱼类密度统计区域划分

同时，将两个时段的探测、统计结果进行对照，分别为 2015 年 11～12 月和 2016 年 1 月两个时段。主要分析过程如下。

目标信号强度使用渔获物体长进行推算的方法。针对不同鱼类的平均体长，使用体长和目标信号强度的经验公式（式 6.1）推算不同鱼类的平均目标信号强度：

$$\overline{TS}_i = 20\log \overline{L}_{\mathrm{cm}i} + b_{20i} \tag{6.1}$$

其中：i 表示鱼的种类；L_{cm} 为以 cm 为单位的鱼类体长。b_{20} 根据采样鱼种的生物形态差异，闭鳔鱼类使用 -67.4 dB、有管鳔鱼类使用 -71.9 dB。不同鱼类数量的组成比例（频数分布）按照渔获物的实际数量计算。

根据设定 EDSU 区间，其测量获得的积分值 sa，可以计算该区段单位水面（m^2）的鱼类资源密度，

$$\rho = \frac{sa}{\sigma_{\mathrm{bs}}} \tag{6.2}$$

其中 σ_{bs} 为后向散射截面（m^2），与 TS 的关系为

$$TS = 10\log \sigma_{\mathrm{bs}} \tag{6.3}$$

鱼类的目标信号强度可以通过鱼类的采样组成利用公式（6.1）进行计算。一般在海洋中，使用积分值 NASC，每平方海里[①]的鱼类密度为

$$\rho_n = \frac{\mathrm{NASC}}{1852^2 4\pi\sigma_{\mathrm{bs}}} \tag{6.4}$$

本次调查在淡水中使用，使用 sa，不使用 NASC。针对不同鱼类组成，sa 需要种类分配：

$$sa_i = sa\frac{p_i \overline{\sigma_{\mathrm{bs}\,i}}}{\sum\limits_{i=1}^{k} p_i \overline{\sigma_{\mathrm{bs}\,i}}} \tag{6.5}$$

其中 i 表示鱼的种类，分母为不同鱼种目标信号强度的加权平均，单一鱼种不同体长的均值也需要根据体长的数量组成进行加权计算。每种鱼类的密度为

$$\overline{\rho}_i = \frac{sa_i}{\sigma_{\mathrm{bs}\,i}} \tag{6.6}$$

2. 回波映像分析

整体而言，阳逻大桥至蕲州镇航行气泡和悬浮泥沙回波映像分布面积大，其中航行气泡回波映像主要集中在上层水层区域，少部分由上而下分布；悬浮泥沙回波映像主要集中在中下层水层区域。在中下层水层区域较多分散单体回波，也有部分密集小型鱼群回波。

对于航行尾流、气泡，获得的典型回波信号如图 [6.25（a）] 蓝色线以上部分，采用手动的方法对尾流、气泡进行剔除，剔除线见图 [6.25（a）] 上层蓝色线。

对于悬浮泥沙，由于分布于整个回波映像中，与鱼类回波信号交替分布，获得的典型信号见图 [6.25（b）]，无法采用手动的方法进行剔除。采用频差分析方法进行过滤，差频处理 LHS 回波映像见图 [6.25（c）]，差频处理 RHS 回波映像见图 [6.25（d）]。

---

① 1 平方海里约等于 3.429 904 平方千米。

基于 RHS 回波映像结果，进行鱼类回波信号的提取以及积分值的计算。

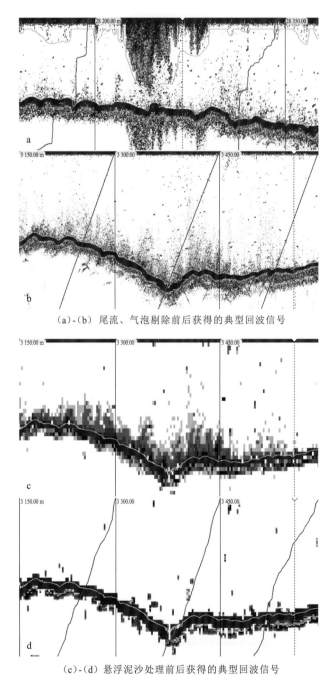

（a）-（b）尾流、气泡剔除前后获得的典型回波信号

（c）-（d）悬浮泥沙处理前后获得的典型回波信号

图 6.25　不同分析过程获得的数据结果

3. 中华鲟疑似信号

通过单体回波检测方法进行中华鲟信号的监测，共获得强信号个体 28 个，具体信息

见表 6.9。其中目标信号强度最大值为-17.04 dB，TS 最小值为-31.89 dB，平均 TS 值为-26.73
±3.51 dB。目标分布位点水深最小水深为 9.03 m，最大水深为 53.58 m，平均分布水深为
16.71±7.95 m。

表 6.9　阳逻大桥至蕲州镇江段获得的强信号单体及其疑似程度

序号	探测时间	GPS 位点		目标信号强度/dB	目标位置水深/m	疑似程度	航次
		北纬	东经				
1	2015 年 12 月 4 日	30.601 0	114.567 5	-27.11	12.16	低	1
2	2015 年 12 月 5 日	30.558 4	114.635 3	-24.99	19.96	低	1
3	2015 年 12 月 5 日	30.534 6	114.831 3	-29.54	18.81	低	1
4	2015 年 12 月 6 日	30.403 3	114.986 7	-27.29	11.59	低	1
5	2015 年 12 月 7 日	30.177 6	115.249 1	-23.63	15.23	低	1
6	2015 年 12 月 7 日	30.162 0	115.263 5	-26.40	15.50	低	1
7	2015 年 12 月 7 日	30.214 4	115.151 5	-28.21	13.70	低	1
8	2015 年 12 月 7 日	30.162 4	115.263 0	-30.48	16.51	低	2
9	2015 年 12 月 8 日	30.150 0	115.267 6	-22.57	12.70	低	2
10	2015 年 12 月 8 日	30.213 2	115.165 7	-25.43	16.35	低	2
11	2015 年 12 月 8 日	30.216 1	115.166 7	-27.10	15.43	低	2
12	2015 年 12 月 8 日	30.219 1	115.161 5	-27.32	24.28	低	2
13	2015 年 12 月 8 日	30.215 5	115.162 7	-28.60	17.35	低	1
14	2015 年 12 月 8 日	30.213 8	115.157 0	-30.01	53.58	低	2
15	2015 年 12 月 10 日	30.564 4	114.643 6	-24.41	12.74	低	2
16	2016 年 1 月 11 日	30.591 0	114.572 4	-31.89	14.65	低	3
17	2016 年 1 月 12 日	30.568 1	114.639 0	-24.98	13.50	高	3
18	2016 年 1 月 12 日	30.565 6	114.645 3	-30.44	12.07	低	3
19	2016 年 1 月 12 日	30.410 8	114.913 0	-30.80	22.26	低	3
20	2016 年 1 月 13 日	30.218 9	115.155 9	-27.54	13.39	低	3
21	2016 年 1 月 14 日	30.217 2	115.188 8	-17.04	15.67	低	4
22	2016 年 1 月 14 日	30.169 3	115.256 9	-21.61	14.80	低	4
23	2016 年 1 月 14 日	30.170 4	115.256 1	-30.44	14.15	低	4
24	2016 年 1 月 15 日	30.218 2	115.158 7	-20.27	14.75	低	4
25	2016 年 1 月 15 日	30.219 8	115.157 8	-24.85	13.26	低	4
26	2016 年 1 月 15 日	30.216 7	115.155 4	-26.59	9.03	低	4
27	2016 年 1 月 15 日	30.216 7	115.155 5	-29.15	14.19	低	4
28	2016 年 1 月 15 日	30.166 5	115.258 5	-29.87	20.39	低	4

上述 28 个强信号中，中华鲟疑似程度较高的信号仅有一个，位于白浒镇对面江段，其 GPS 位点为东经 114.639 0°；北纬 30.568 1°。目标信号强度为-24.98 dB，分布位点水深为 13.50 m。强信号空间分布位置见图 6.26。

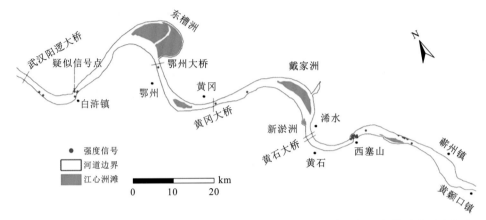

图 6.26　阳逻大桥至蕲州镇江段强信号目标分布位点信息以及中华鲟疑似信号的分布位点

4. 鱼类生物量和时空分布

鱼类生物量采用 EDSU 分段积分进行统计，通过 NASC 获得的各探测航次内鱼类生物量密度，见表 6.10。4 个探测航次共获得 EDSU 位点个数为 5 586 个，获得的最小鱼类密度的声学反射系数为 0.00 m²/nmi²，鱼类密度的最大声学反射系数范围为 492.42～1 735.28 m²/nmi²，鱼类密度的平均 NASC 为 7.45～16.35 m²/nmi²。其中之字形航行路线获得的鱼类密度值（2、4 航次）要显著高于平行线航行路线获得的鱼类密度值（1、3 航次）（$P<0.05$）。此外，不同月份之间相同航行路线获得的鱼类密度没有显著性统计学差异（$P>0.05$）。

表 6.10　阳逻大桥至蕲州镇江段 NASC（鱼类生物密度）统计结果

探测航次	最大密度/（m²/nmi²）	最小密度/（m²/nmi²）	平均密度（$X\pm$ SE）	ESDU 断面数	走航路线
1	492.42	0.00	7.45±0.86	972	平行线
2	1 735.28	0.00	12.39±1.92	1 786	之字形
3	690.07	0.00	8.48±1.15	1125	平行线
4	1 481.42	0.00	16.35±1.84	1703	之字形

通过统计插值方法对鱼类密度分布进行插值计算，获得的鱼类空间分布 GIS 影像，见图 6.27。

第 1 航探测次，鱼类主要聚集在白浒镇、西塞山江段，其次，武汉阳逻大桥下游江段以及黄冈长江大桥至戴家洲右岸干流江段有一定的鱼类聚集，该江段鱼类密度要比白浒镇、西塞山江段低，此外，蕲州镇至西塞山下游江段鱼类分布密度极低。整个阳逻大桥至蕲州镇江段内，未监测到鱼类分布（NASC＜0.01 m²/nmi²）的水面面积占总探测水面面积的 3.50%，鱼类高密度（NASC＞100 m²/nmi²）聚集的水面面积占总探测水面面积的 0.72%。

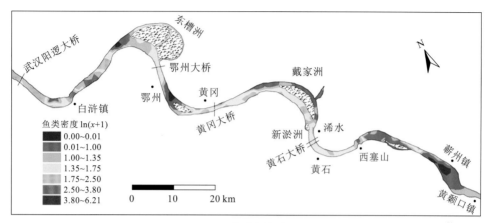

（a）第1探测航次

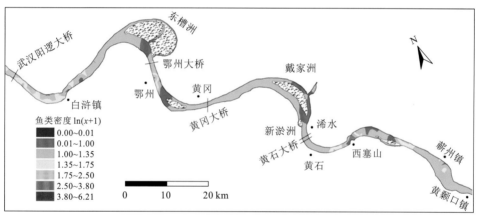

（b）第2探测航次

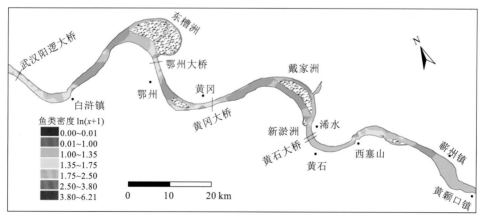

（c）第3探测航次

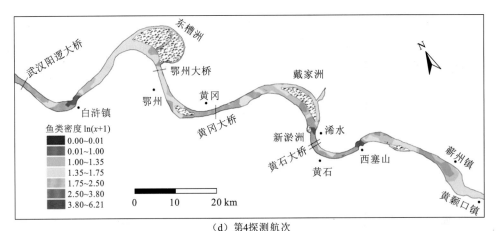

（d）第4探测航次

图 6.27　阳逻大桥至道士洑江段鱼类密度时空分布变化

第 2 探测航次，鱼类主要聚集在武汉阳逻大桥至白浒镇江段以及西塞山附近江段，鄂州附近江段有一定数量的鱼类分布，其他江段鱼类密度相对较低。阳逻大桥至蕲州镇江段内，未监测到鱼类分布（NASC < 0.01 m^2/nmi^2）的水面面积占总探测水面面积的 4.93%，鱼类高密度（NASC > 100 m^2/nmi^2）聚集的水面面积占总探测水面面积的 1.73%。

第 3 探测航次，鱼类主要聚集在武汉阳逻大桥至白浒镇下游 2~3 km 江段、黄冈长江大桥上下游江段，以及西塞山江段，其中以白浒镇下游约 2 km 处以及西塞山江段密度最高。戴家洲江段鱼类密度极低。阳逻大桥至蕲州镇江段内，未监测到鱼类分布（NASC < 0.01 m^2/nmi^2）的水面面积占总探测水面面积的 5.78%，鱼类高密度（NASC > 100 m^2/nmi^2）聚集的水面面积占总探测水面面积的 1.51%。

第 4 探测航次，武汉阳逻长江大桥至白浒镇江段、鄂州至黄冈长江大桥江段、戴家洲下游（浠水）至西塞山江段均有一定数量的鱼类分布，其中以白浒镇江段和西塞山江段鱼类密度最高，蕲州镇江段鱼类密度最低。阳逻大桥至蕲州镇江段内，未监测到鱼类分布（NASC < 0.01 m^2/nmi^2）的水面面积占总探测水面面积的 0.76%，鱼类高密度（NASC > 100 m^2/nmi^2）聚集的水面面积占总探测水面面积的 1.99%。

综合 4 个不同探测航次鱼类密度空间分布的 GIS 影像可知，预选的 3 个重要的候选江段中，白浒镇江段、河西塞山江段均具有较高的相对鱼类密度，在戴家洲江段，鱼类主要聚集于河岸右侧主干流河段，其中第 1 航次和第 4 航次在该江段有一定的鱼类分布，第 2 航次和第 3 航次在该江段未监测到明显的鱼类聚集现象。

5. 鱼类资源密度评估

2015 年 11~12 月各调查区域（Ⅰ-Ⅳ）的平均声学积分值（NASC）分别为 9.42 m^2/nm^2、8.67 m^2/nm^2、4.85 m^2/nm^2、6.28 m^2/nm^2；2016 年 1 月各调查区域（Ⅰ~Ⅳ）的平均声学积分值（NASC）分别为 7.49 m^2/nm^2、11.83 m^2/nm^2、7.86 m^2/nm^2、3.34 m^2/nm^2。通过不同鱼类种类的比例、体长与各区域的 NASC 计算获得各鱼类种类对应的渔业资源密度。结果显示，2015 年 11~12 月及 2016 年 1 月两个时间段内，武汉阳逻大桥至蕲州镇江段整体水域的鱼类密度（$X \pm SE$）分别为 94.94 ± 17.58 ind./ha 和 75.76 ± 22.78 ind./ha。T-检验结果显

示两次探测获得的鱼类密度没有显著的统计学差异（$F=0.138$；$P=0.723$）。

针对不同江段的统计情况，武汉阳逻大桥至白浒镇江段（I）鱼类平均密度分别为 119.66 ind./ha 和 84.56 ind./ha；白浒镇至黄冈大桥江段（II）鱼类平均密度分别为 126.50 ind./ha 和 133.60 ind./ha；黄冈大桥至戴家洲尾新淤州江段（III）鱼类平均密度分别为 50.71 ind./ha 和 59.56 ind./ha；黄石西塞山上游至蕲州镇（IV）鱼类平均密度分别为 82.89 ind./ha 和 25.31 ind./ha，所得结果见图 6.28。

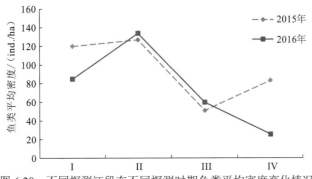

图 6.28 不同探测江段在不同探测时期鱼类平均密度变化情况

2015 年 11～12 月，武汉阳逻大桥至白浒镇江段（I）以黄颡鱼密度最高，为 56.44 ind./ha；2016 年 1 月，该江段以粗唇鮠密度最高，为 27.22 ind./ha；2015 年 11～12 月，白浒镇至黄冈大桥江段（II）以黄颡鱼密度最高，为 59.66 ind./ha；2016 年 1 月，该江段以粗唇鮠密度最高，为 43.02 ind./ha；2015 年 11～12 月，黄冈大桥至戴家洲尾新淤州江段（III）以光泽黄颡鱼密度最高，为 20.71 ind./ha；2016 年 1 月，该江段以蛇鮈密度最高，为 16.98 ind./ha；2015 年 11～12 月，黄石西塞山上游至蕲州镇（IV）以瓦氏黄颡鱼密度最高，为 23.33 ind./ha；2016 年 1 月，该江段以蛇鮈密度最高，为 7.22 ind./ha。

综上渔业声学探测和渔获物调查结果可知，不同探测时间内（2015 年 11 月～2016 年 1 月），武汉至蕲州镇江段的鱼类密度没有显著的差异。不同划分江段鱼类密度有差异，白浒镇至黄冈大桥江段（II）鱼类密度相对较高，黄冈大桥至戴家洲尾新淤州江段（III）相对较低，其中 2016 年 1 月黄石西塞山上游至蕲州镇（IV）鱼类密度最低。

此外，对于不同优势种鱼类密度变化情况，2015 年在四个江段均是以黄颡鱼类（黄颡鱼、瓦氏黄颡鱼、光泽黄颡鱼等）密度相对较高；而在 2016 年，武汉阳逻大桥至黄冈江段（I 和 II）以粗唇鮠密度相对较高，而黄冈大桥至蕲州镇（III 和 IV）以蛇鮈密度相对较高。

6.2.3 食卵鱼调查

2015 年 11 月 10 日至 2016 年 1 月 31 日，开展渔获物收集和食卵鱼解剖工作。渔获物作业时间为每日 18 点至凌晨 5～6 点，采用电捕、流刺网、地笼、钩钓和市场购买等方式，配合渔民访谈和当地渔政调研，对中华鲟卵摄食鱼类的种类、分布和数量变动开展调查工作。每日进行水温、水位观察及食卵鱼收购、解剖、探寻中华鲟是否发生产卵行为；重点收购渔获物中底层摄食中华鲟卵的鱼类，分类至种、采集生物学参数、解剖后进行消化道中华鲟卵寻找及性腺发育观察。2015 年 12 月 20 日～2016 年 1 月 31 日在蕲州海事码头放置中华鲟鱼苗分层收集网，对仔稚鱼进行监测，每隔 2 日对网目进行起水检查。

1. 断面设置

设置白浒镇、戴家洲、道士洑、蕲州镇四个监测点（图 6.29）。沐鹅洲至白浒镇约 11 km，监测点附近河宽为 2.1 km，滩面平均水深 5 m，河槽平均水深 11 m。食卵鱼固定监测点设置于白浒镇，根据实际工作中渔获物种类和数量适当调整位置，渔获物捕捞江段尽量覆盖沐鹅洲至白浒镇江段。戴家洲直港汉道（右汉）中下段约 10 km，监测点附近河宽为 1.2 km 左右，滩面平均水深 6 m，河槽平均水深超过 15 m。食卵鱼固定监测点设置于戴家洲，可根据实际工作中渔获物种类和数量适当调整位置，渔船工作江段应尽量覆盖戴家洲至回风矶江段，并适当下延至回风矶以下具有洄水区的江段。道士洑江段 （距离阳逻大桥 124 km），西塞山至蕲州镇约 25 km，监测点附近河宽为 2.3 km 左右，滩面平均水深 6 m，河槽平均水深超过 17 m。食卵鱼固定监测点设置于道士洑江段和蕲州镇段，根据实际工作中渔获物种类和数量适当调整位置，渔船工作江段尽量覆盖西塞山下游深潭至蕲州镇江段。

图 6.29　阳逻大桥至道士洑江段渔获物监测点设置

2. 调查方法

1）食卵鱼解剖

与渔获物调查同步，监测期间逐日进行食卵鱼解剖，通过食卵鱼解剖确定中华鲟自然繁殖时间、繁殖江段，并通过食卵鱼食卵数量及食卵鱼在渔获物中所占比例初步估算中华鲟自然繁殖规模。

（1）解剖前首先按渔获物统计的要求对渔获物组成进行统计，对基础生物学参数进行测定，并挑选出底层食卵鱼类。根据相关文献，共发现圆口铜鱼、铜鱼、瓦氏黄颡鱼、长吻鮠、粗唇鮠、长鳍吻鮈、圆筒吻鮈、长薄鳅、光泽黄颡鱼、宜昌鳅鮀、南方鮎等 11 种鱼类吞食中华鲟卵，其中，圆口铜鱼、铜鱼、瓦氏黄颡鱼等 3 种鱼类在历年的食卵量最多、年出现频率最高。

（2）按种类逐尾解剖，重点检查其胃、前肠。个别鱼类还应检查其口腔和鳃部，这些地方存在一些还来不及吞进食道的卵粒。其次检查中肠、后肠等其他部位。观察有无鱼卵，判定是否为中华鲟卵，并记录食卵鱼的全长、体长、体重、性别、性腺发育期、胃肠充塞度等。

（3）若发现中华鲟卵，则记录食卵鱼种类及个体数、食卵持续时间、卵苗的数量、种类、发育期、采集时间等，并将样品固定收集。由于中华鲟卵的卵膜不易消化，可以直接以卵膜计数。对应于渔获物原始记录，记录该尾鱼所食中华鲟卵数量，没有食卵的鱼类，其食卵数记为 0。最后选择一些形态较完整的中华鲟卵用 5%～8% 的福尔马林或 95% 以上的酒精固定保存，用于鉴定其发育期。

2）中华鲟仔稚鱼分层收集网

根据中华鲟孵出仔稚鱼行水层中垂直游动、降河洄游的特性，设计并制作了中华鲟仔稚鱼分层收集网。该收集网由 3～5 个垂直的单个收集网组成。收集网呈立体锥形，收集口框架由不锈钢焊接而成，长 1.5 m，宽 0.7 m，网体底为等腰三角形，边长 2 m，底边为 1.5 m；两侧边均为直角三角形，直角边分别为 0.7 m 和 2.0 m；顶面亦为等腰三角形底边 1.5 m，腰边长 2.5 m。在网兜底部设计有 7.5 cm×7.5 cm 的不锈钢收集器，利于中华鲟仔稚鱼长期存活，在离收集器 30 cm 位置的网体截面，缝制拉链，网体 30 cm 后端通过拉链可取下和再连接，以此便于收集内容物。中华鲟仔稚鱼分层收集网与江底采卵相比，可节约人力，并可以长期放置于近岸水中，不影响航运。放置效果及单层网效果如图 6.30 所示。

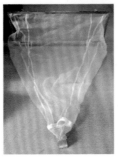

图 6.30　中华鲟仔稚鱼收集网（单层网）

3）水文水力学参数调查

描述渔获物和食卵鱼捕获江段地形、地貌、气候和河道形态，与渔获物监测同步开展每日气温、水温参数测定，日水位、流量等数据按水文常规监测获得，进行水质溶解氧、pH 测定。底质和含沙量等其他数据可通过相关水文站资料获得。

3. 食卵鱼捕捞统计

　　阳逻大桥至道士洑江段渔获物调查期间，食卵鱼解剖未发现中华鲟卵，中华鲟仔稚鱼分层收集网未采集到中华鲟仔稚鱼，确定中华鲟在该江段未发生产卵行为。调查结果如下：2015年 11 月 10 日至 2016 年 1 月 31 日，渔获物作业时间为每日 18 点至凌晨，采用电捕、流刺网、地笼、钩钓和市场购买等方式，配合渔民访谈和当地渔政调研，对中华鲟卵捕食对象的种类、分布和数量变动开展调查工作，连续每日逐尾解剖渔获物看是否有食中华鲟卵的情况发生，以此判断中华鲟是否在该江段产卵，期间共计购买渔获物 1 783.2 kg。其间各监测点均未解剖发现有中华鲟卵，且在每年 12 月和 1 月水温已经低于目前认为的中华鲟产卵下限水温 15.2 ℃。

1）白浒镇江段

　　沐鹅洲经白浒镇到张湾村约 26 km，江面宽在 0.8～1.7 km 之间，滩面平均水深约 8 m。在武汉新洲沐鹅洲经鄂州白浒镇至鄂州张湾村江段设立食卵鱼主要捕捞点。2015 年 12 月白浒镇江段水温为 12.43 ± 1.16 ℃，范围为 10.6～13.6 ℃；2016 年 1 月水温为 10.92 ± 1.78 ℃，范围为 9～12.7 ℃（图 6.31），水温呈逐步下降趋势。调查期间共收集鱼类 24 种，4 412 尾，

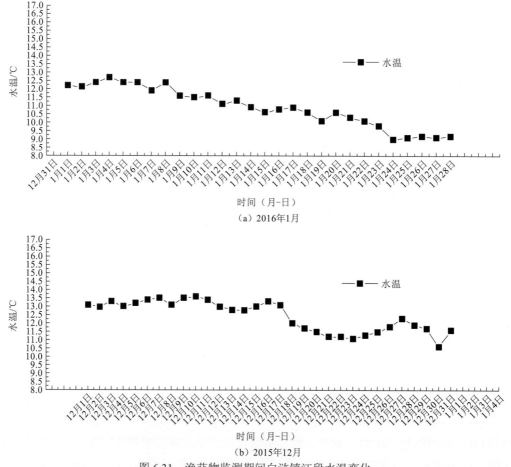

图 6.31　渔获物监测期间白浒镇江段水温变化

尾数数量前四的种类为：黄颡鱼，瓦氏黄颡鱼，圆筒吻鮈，铜鱼。主要胃肠充塞度为 2，性腺发育为 II 期。该监测点未解剖发现有中华鲟卵。

表 6.11 白浒镇江段渔获物种类及生物学参数

种类	数量/尾	全长/cm	体长/cm	体重/g	发育期	充塞度
瓦氏黄颡鱼	741	7.3～33.3	5.7～28	2.9～267.5	II	2
黄颡鱼	1 507	6.4±37.2	5.3～31.7	1.9～413.6	II	1
铜鱼	407	10.8～29.5	8.9～25.7	9.2～215.5	II	2
圆筒吻鮈	731	12.4～38.0	10.5～140.1	3.6～402.9	II	3
粗唇鮠	535	7.1～111.3	6～24.6	3.2～184.4	II	3
长吻鮠	12	8.7～22.2	7.5～19.6	4～100.2	N	1
大鳍鳠	5	9.6～25	8.4～22.8	7～104.5	N	0
餐	21	8.5～21.9	7.2～18.3	3.3～82.8	N	N
草鱼	1	N	N	8 216	II	0
鳜鱼	63	9.5～27.8	7.1～23.9	6.1～276.5	II II	2
麦穗鱼	11	7.8～15.8	6.4～13.1	4.2～49.1	N	N
蛇鮈	255	10.3～24	8.7～20.3	5.4～120.7	II	4
圆尾拟鲿	8	7.4～22	6.4～19.8	4.2～59.4	N	N
紫薄鳅	4	8.5～12.8	7～10.3	5.1～7.5	N	N
鳙	8	34.2～66.6	45～56.9	476.5～3 050	N	N
鲤	3	N	N	736～1 782	N	N
鲢	42	32.5～63.5	31.2～53	58.3～2 512	N	N
凤尾鱼	39	12.1～16.8	10.9～15.3	3.5～113.6	N	N
鳊	1	15.7	13.3	42.2	N	N
犁头鳅	1	8.7	7.8	2.2	N	N
胭脂鱼	1	37.5	31.0	647.8	II	4
异鳔鳅鮀	1	10.2	8.4	8.8	N	1
鳊	1	15.7	13.3	42.2	N	N

N 表示未在此处进行观察。

2）戴家洲江段

戴家洲江段位于鄂城与回风矶之间，为典型分汊河段，左汊习称圆港，长 20 km，弯曲半径 9 km，右汊习称直港，长 16 km，弯曲半径 15 km。直港汊道中下段约 10 km，捕捞点附近河宽为 1.2 km 左右，滩面平均水深 6 m，河槽平均水深超过 15 m。12 月份水温在 12～14℃波动，1 月以后水温下降迅速，最低温度接近 8℃（图 6.32）。共解剖观察食卵鱼 31 种 4 808 尾，共计购买渔获物 586.5 kg，未发现中华鲟鱼卵。对渔获物的全长、体长、体重进行了测量记录，并对主要食卵鱼的性腺发育和充塞度进行了抽样统计（表 6.12）。

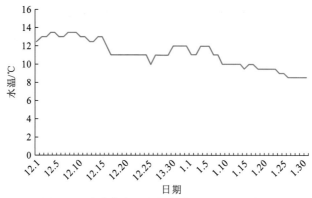

图 6.32　渔获物监测期间戴家洲江段水温变化

表 6.12　戴家洲江段渔获物参数统计

种类	数量/尾	全长/cm	体长/cm	体重/g	发育期	充塞度
光泽黄颡鱼	934	13.1±7.0	11.7±8.0	25.8±15.0	II～III	0
铜鱼	926	18.6±7.5	15.6±8.5	60.1±40.5	I	—
圆筒吻鮈	653	15.7±8.5	15.5±2.1	40.3±12.7	II～III	1
瓦氏黄颡鱼	476	14.5±5.5	12.6±6.1	27.6±16.5	II～III	0
吻鮈	342	17.2±7.7	15.9±3.3	45.3±18.9	II～III	—
银鮈	284	11.2±2.1	10.1±1.6	11.9±5.9	—	—
蛇鮈	266	13.7±2.5	11.8±2.7	22.5±10.9	—	—
黑鳍鳈	199	14.4±3.4	13.6±3.9	37.3±26.4	—	—
紫薄鳅	184	10.9±3.3	10.0±3.9	19.4±6.6	—	—
黄尾鲴	178	22.3±4.7	21.5±5.5	152.3±4.9	—	—
粗唇鮠	153	10.6±1.9	8.7±1.6	11.0±6.0	—	—
湖南吻鮈	62	16.3±5.6	15.1±3.2	36.3±19.9	—	—
长吻鮠	22	18.5±5.1	17.2±4.8	57.2±20.6	—	—
凤鲚	18	17.5±6.3	16.2±4.1	18.0±12.3	—	—
大鳍鳠	17	13.1±5.8	12.4±4.6	31.8±5.6	—	—
中华纹胸鮡	15	9.3±2.8	8.8±2.3	16.5±4.9	—	—
花鲭	14	18.7±5.6	17.1±5.4	58.2±9.6	—	—
犁头鳅	12	15.5±2.6	14.2±1.2	15.7±2.4	—	—
鲫	10	12.3±3.3	9.8±3.1	23.5±4.2	—	—
武昌副沙鳅	9	10.6±1.2	8.8±2.1	6.8±2.0	—	—

种类	数量/尾	全长/cm	体长/cm	体重/g	发育期	充塞度
鳜	8	18.1±2.0	16.7±2.5	71.9±2.9	—	—
鳊	8	22.9±3.2	21.1±2.1	175.4±11.2	—	—
寡鳞飘	7	10.6±1.5	9.4±2.1	14.3±3.0	—	—
胭脂鱼	5	25.2±3.3	20.0±2.5	224.7±23.1	—	—
细体拟鲿	1	95	83	8.3	—	—
黄颡鱼	1	15.3	12.4	22.6	—	—
叉尾鮠	1	18.1	15.5	43.1	—	—
沙塘鳢	1	8.1	6.8	6.9	—	—
细尾蛇鮈	1	14.9	12.9	17.1	—	—
鲇	1	18.4	16.8	37.1	—	—

3）道士洑江段

道士洑江段设定为西塞山至蕲州镇约 30 km，捕捞点附近河宽约为 2.3 km，滩面平均水深 6 m，河槽平均水深超过 17 m。在西塞山和下游蕲河口位置设立食卵鱼捕捞点。共采集鱼类 17 种，2 211 尾，共计购买渔获物 148.4 kg。底层鱼类尾数数量前三的种类为：粗唇鮠、大口鲇、光泽黄颡鱼（表 6.13）。

表 6.13 黄石道士洑江段渔获物种类及生物学参数

鱼的种类	数量/尾	全长/cm	体长/cm	体重/g	发育期	充塞度
棒花鱼	635	10.6±1.1	8.8±0.8	7.9±3.6	N	N
粗唇鮠	504	16.2±4.4	13.6±3.8	45.0±39.2	II	0
大口鲇	355	27.9±3.2	25.5±2.7	140.1±58.8	II	0
短颌鲚	351	22.7±6.5	20.1±6.2	34.7±28.6	II	0
光泽黄颡鱼	148	13.2±0.9	11.0±0.7	16.6±4.5	II	0
鳤	86	24.1±7.3	20.7±6.3	105.3±82.7	I	0
黄颡鱼	37	13.4±5.2	11.1±1.7	24.1±18.2	II	0
麦穗鱼	32	10.6±1.6	8.3±1.4	13.8±3.4	N	N
沙塘鳢	18	9.9±3.0	8.6±3.1	13.1±5.3	N	N
蛇鮈	15	27.8±2.3	24.6±1.9	116.7±30.0	I	0
铜鱼	10	16.9±3.3	14.0±2.8	40.8±23.5	I	0
瓦氏黄颡鱼	8	13.5±3.0	11.2±2.6	23.2±20.0	I	0

续表

鱼的种类	数量/尾	全长/cm	体长/cm	体重/g	发育期	充塞度
中华纹胸鳅	6	7.3 ± 5.0	5.2 ± 4.1	4 ± 2.3	N	N
吻鮈	3	14.8 ± 1.9	12.4 ± 1.7	21.2 ± 8.9	I	0
圆筒吻鮈	1	17.0 ± 2.0	14.1 ± 1.7	35.5 ± 13.0	I	0
长薄鳅	1	11.9 ± 1.9	9.4 ± 1.5	15.6 ± 7.2	N	N
长吻鮠	1	17.8 ± 2.8	15.1 ± 2.5	52.3 ± 23.1	I	0

N 表示未在此处进行观察。

4）蕲州镇江段

黄石至蕲州镇江段水温在 11 月 25 日开始已低于文献记载的中华鲟产卵低温下限 15.2℃，至 11 月底蕲州镇江段水温为 13.0℃，日降温幅度不一致，范围为黄石 0.1～0.5℃、蕲州镇 0.1～1.2℃，温度并不是每天下降，会在某一天的温度值上下波动，但整体趋势是下降。蕲州镇江段 2015 年 12 月水温为 12.24±0.97℃，范围为 11.0～13.4℃；2016 年 1 月水温为 10.34±1.26℃，范围为 8.2～12.0℃。

蕲州镇江段鱼类资源丰富，监测到鱼类 37 种，解剖 13 542 尾，共计购买渔获物 408.3 kg。其中摄食中华鲟鱼卵的鲿科包括黄颡鱼、瓦氏黄颡鱼、大鳍鳠、粗唇鮠、长吻鮠；鲤科鮈亚科包括吻鮈、圆筒吻鮈以及铜鱼。这些可能的食卵鱼在 13℃的低温环境中充塞度为 I—IV级，众数在 I 级。表明在低温环境中食卵鱼仍发生摄食行为。到 12 月及 1 月，水温低于 12℃时，尾数数量前四的种类为：黄颡鱼、瓦氏黄颡鱼、吻鮈、铜鱼。蛇鮈、长吻鮠、光泽黄颡鱼、粗唇鮠主要胃肠充塞度为 2，大鳍鳠、沙塘鳢、圆筒吻鮈、吻鮈主要充塞度为 1，其余种类鱼的胃肠充塞度近乎为 0（表 6.14）。

表 6.14　蕲州镇江段渔获物种类及生物学参数

种类	数量/尾	全长/cm	体长/cm	体重/g	发育分期	充塞度
粗唇鮠	164	14.5 ± 3.7	12.3 ± 26.2	32.9 ± 29.2	II	1
大口鲇	79	26.9 ± 5.1	24.5 ± 4.8	133.9 ± 99.7	II	2
光泽黄颡鱼	740	12.7 ± 2.9	11.9 ± 2.4	23.2 ± 22.4	II	1
鳠	40	29.4 ± 8.7	25.4 ± 7.6	171.9 ± 143.1	II	1
黄颡鱼	5 191	14.6 ± 2.8	12.0 ± 2.4	33.6 ± 19.8	II	2
犁头鳅	7	9.6 ± 2.3	8.5 ± 2.2	3.8 ± 3.0	I	0
蛇鮈	19	26.9 ± 1.9	23.7 ± 1.8	102.7 ± 21.7	II	0
铜鱼	1 031	16.6 ± 3.3	13.6 ± 2.8	38.1 ± 24.7	I	0
瓦氏黄颡鱼	2 850	14.9 ± 5.1	12.2 ± 4.3	41.4 ± 62.8	II	1
吻鮈	2 011	15.4 ± 2.3	12.9 ± 2.0	24.1 ± 12.3	I	1

续表

种类	数量/尾	全长/cm	体长/cm	体重/g	发育分期	充塞度
圆筒吻鮈	221	17.1±2.9	14.3±2.5	37.5±22.4	I	1
长吻鮠	69	19.1±4.8	16.1±4.4	67.0±54.4	I	0
棒花鱼	42	10.6±1.7	8.6±1.4	10.0±5.2	I	0
鳘条	23	11.6±1.8	9.4±1.6	11.4±6.0	N	N
短颌鲚	46	19.9±5.3	17.8±4.9	24.6±19.2	II	0
鳜	166	15.5±5.5	12.7±4.6	73.7±119.3	II	0
花鲭	22	18.2±3.9	14.6±3.3	63.4±41.4	II	0
鲤	29	31.1±9.1	26.3±9.1	511.1±357.7	II	3
麦穗鱼	5	10.3±2.0	8.4±1.7	14.6±11.1	II	0
鳑鲏	1	10.6	8.4	17.5	N	N
青梢红鲌	1	26	21.3	114.1	I	0
沙塘鳢	19	11.6±1.7	9.8±1.5	23.9±12.3	II	0
中华纹胸鮡	4	9.6±0.1	8.0±0.2	7.7±1.3	N	N
乌鳢	4	25.8±5.6	21.5±4.6	154.1±98.2	I	0
长薄鳅	81	12.5±2.5	10.0±2.2	18.0±10.3	I	0
鳙	1	38.5	31	559.4	N	N
鳊	14	34.5±10.6	28.9±9.1	465.6±390.5	II	2
赤眼鳟	2	20	16	72.2	I	2
鲫	391	14.9±2.9	11.6±2.4	58.5±34.5	II	2
草鱼	1	153	144	1 800	N	N
黄尾密鲴	1	19.3	15.7	46.1	II	0
翘嘴鲌	239	16.9±6.1	13.5±4.9	36.3±35.8	I	0
鲢	1	14.6	11.5	28.4	N	N
中华花鳅	17	14.9±2.1	12.7±1.8	14.0±5.6	I	0
粗唇黄颡鱼	1	25	20.4	114.3	II	1
银鱼	4	5±1	4.6±1	0.4±0.2	N	N
大口鲇	5	30.7±5	27.7±5	175.9±78	II	1

N 表示未在此处进行观察。

5）塞山和下游蕲河口

采用中华鲟仔稚鱼分层收集网，在道士洑江段的西塞山和下游蕲河口开展中华鲟仔幼鱼捕捞监测，分别下网 2 次，每次 8 d，8 d 后起水观察。将一套层网挂靠于趸船靠江心一侧，先测水深，然后计算单层网所需数量，组成层网，放于水中，使水底和水面均有网口分布。收集物包括上层银鱼底层鱼类以及底栖动物，见图 6.33，截至 2016 年 1 月 30 日监测结束，未发现中华鲟仔稚鱼。

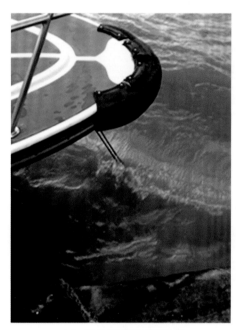

（a）多层网放置于趸船外侧　　（c）多层网中的小型鱼类　　（d）底网中的底栖动物

（b）多层网起水

图 6.33　中华鲟仔鱼分层采集情况

6.2.4　环境 DNA 调查

1. 断面设置

1）长江中下游

中华鲟繁殖季节，在长江中下游宜昌至南京 1 360 km 干流河段进行 24 个断面的环境 DNA 监测。采样点间隔以 50 km 为基准，综合河道地形走势及环境 DNA 采样要求选取采样点，采样点位置通过水利部长江水利委员会水文局数字地图系统精确定位经纬度坐标。采样点的具体信息，见表 6.15。

2）宜昌江段

为研究环境 DNA 检测体系的有效性，在以往宜昌中华鲟聚集区域开展重点监测，共设置 12 个采样点（表 6.16，图 6.34，图 6.35），葛洲坝坝下至船厂江段设置 4 个采样点（2 个岸边采样点，2 个船只采样点）；庙嘴至宜昌长江大桥江段设置 8 个采样点（7 个岸边采样点，1 个船只采样点）。共进行了 3 次采样，时间分别为 2016 年 1 月 19 日、1 月 26 日和 2 月 3 日。

表 6.15　长江中下游采样点信息

序号	分组	地址	经度	纬度	岸别	水文站
1	一	宜昌	111.328	30.656	左岸	宜昌
2	一	枝城镇	111.498	30.305	右岸	枝城
3	二	枝江	111.720	30.413	左岸	
4	一	沙市	112.230	30.313	左岸	
5	二	郝穴	112.397	30.035	左岸	沙市
6	一	石首	112.422	29.747	右岸	
7	一	监利	112.894	29.807	左岸	监利
8	二	君山	112.956	29.465	右岸	
9	一	螺山	113.312	29.630	右岸	
10	二	洪湖	113.617	29.897	左岸	螺山
11	一	新滩	113.860	30.182	左岸	
12	二	蔡甸	114.146	30.378	左岸	
13	一	汉口	114.326	30.628	左岸	
14	二	华容	114.833	30.532	右岸	汉口
15	一	黄石	115.191	30.207	右岸	
16	二	武穴	115.596	29.834	右岸	
17	一	九江	116.015	29.744	右岸	
18	一	马当	116.651	29.991	右岸	九江
19	二	安庆	117.045	30.499	左岸	
20	一	大通	117.632	30.768	右岸	大通
21	二	无为	117.993	31.177	左岸	
22	一	芜湖	118.348	31.353	右岸	
23	二	马鞍山	118.381	31.615	左岸	南京
24	一	南京	118.641	31.962	右岸	

表 6.16　宜昌采样点信息

序号	采样点名称	经度	纬度	分组
1	大江坝下	111.271	30.729	水文局船 1
2	大江隔流堤	111.268	30.722	
3	西坝上	111.275	30.726	生态所 1
4	西坝下	111.272	30.719	生态所 2
5	庙嘴左岸	111.275	30.701	水文局 1
6	庙嘴右岸	111.268	30.699	
7	夷陵大桥左岸	111.296	30.684	水文局 2
8	夷陵大桥右岸	111.294	30.677	
9	胭脂坝左岸	111.333	30.656	水文局 3
10	胭脂坝河中	111.329	30.653	水文局船 2
11	宜昌大桥左岸	111.402	30.570	水文局 4
12	宜昌大桥右岸	111.392	30.568	

水利部长江水利委员会水文局简称水文局；水利部中国科学院水工程生态研究所简称生态所。

图 6.34　葛洲坝坝下至船厂江段采样点（黄色圆点为岸边采样点，红色圆点为船只采样点）

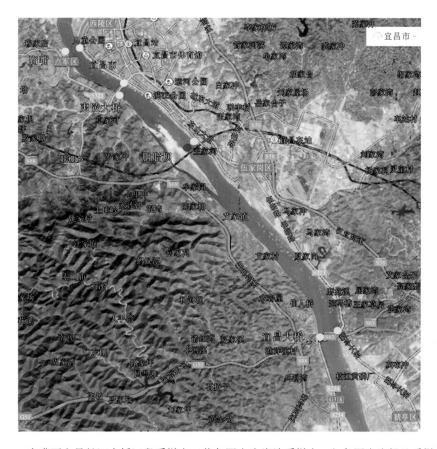

图 6.35　庙嘴至宜昌长江大桥江段采样点（黄色圆点为岸边采样点，红色圆点为船只采样点）

2. 调查方法

1) 野外采样调查

宜昌至南京设置 24 个采样点，采样时间为 2015 年 11 月 24～25 日（繁殖季节）和 2016 年 1 月 27～28 日（繁殖季节后）。考虑河流的流动性和水体环境 DNA 的波动性，为尽可能减少非同期采样带来的影响，这次采样采用多采样点同步采样形式，每次调查均在 2 日内完成 24 个断面采样。将 24 个采样点分为两组，采样点宜昌、枝城、沙市、石首、监利、螺山、新滩、汉口、黄石、九江、马当、大通、芜湖和南京为第一组，首日上午 10：30（前后 30 min）进行同步采样；采样点枝江、郝穴、君山、洪湖、蔡甸、华容、武穴、安庆、无为和马鞍山为第二组，次日上午 10：30（前后 30 min）进行同步采样。

同步采样并进行水样抽滤，抽滤完成后，滤膜和冰袋一起打包立即送回水生态所实验室进行后续处理。宜昌江段 12 个采样点，共进行 3 次采样（样本批次记为 0119YC、0126YC 和 0203YC），上午 10：30～11：00 同步采样，水样当天抽滤，抽滤完成后滤膜立即冷藏，48 h 内送回水生态所实验室进行后续处理。

每次采样前采样点采集 3 个 2 L 水样，水样用 0.45 μm 孔径滤膜进行真空抽滤，每个采样点每次采样针对每个抽滤设备设置一个空白对照（2 L 双蒸水或蒸馏水抽滤）。滤膜送回实验室后用水样 DNA 提取试剂盒提取 DNA。

2）分子标记开发

从混合环境 DNA 中检测目标生物，需要特定的分子标记和检测体系，在长江干流大流量、多泥沙、物种低密度情况下检测中华鲟环境 DNA，需要较高的检测灵敏度。对检测对象线粒体 DNA 进行序列分析，设计筛选特异性分子标记用于特定位点的聚合酶链式反应（polymerase chain reaction，PCR）扩增，针对检测对象建立有效的 PCR 检测体系。开发长江水样中华鲟环境 DNA 检测分子标记，在鱼类组织 DNA 和人工养殖水样 DNA 中进行分子标记有效性检验，优化 PCR 反应体系和扩增条件，建立长江中下游中华鲟环境 DNA 检测体系（图 6.36）。

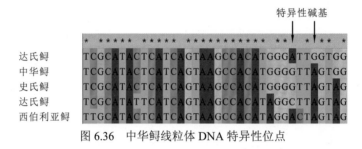

图 6.36　中华鲟线粒体 DNA 特异性位点

3）PCR 检测

利用终点 PCR（end-point PCR）、巢式 PCR（nested PCR）和荧光实时定量 PCR（quantitative real-time PCR）等检测手段进行中华鲟环境 DNA 检测。经过 15 对中华鲟环境 DNA 检测标引物和 2 对鱼类通用环境 DNA 检测标引物对待测样本进行了多次 PCR 扩增检测，终点 PCR 和荧光实时定量 PCR 未获得理想效果，最终选取巢式 PCR 检测体系进行中华鲟环境 DNA 检测分析。巢式 PCR 扩增分两轮：第一轮以滤膜提取 DNA 为模板进行外引物 GAS4 扩增，位于 ND4 基因，产物大小 313 bp；第二轮以第一轮 PCR 产物为模板进行内引物 GAS4N 扩增，产物大小 113 bp。所有样本进行 2～3 次重复扩增。

4）数据统计

图 6.37 和图 6.38 显示了一次巢式 PCR 扩增的两轮扩增电泳图，第二轮扩增出现 113 bp 大小目的条带的样本为阳性。根据每个样本的多次重复巢式 PCR 检测结果，每个采样点的 3 个平行样本中有至少 1 个样本为阳性，则该采样点本次检测结果记为阳性；多次巢式 PCR 检测中有至少 1 次检测呈阳性，则该采样点计为 1。同时根据空白对照检测结果和 PCR 阴性对照来判断结果可靠性。得到的阳性条带部分进行 DNA 片段测序，获得的 DNA 序列在 GenBank 数据库中进行检索并与中华鲟线粒体 DNA 序列进行比对，以确认阳性条带为中华鲟序列。

图 6.37 中 M 表示 marker，从下至上条带大小为 100 bp、250 bp、500 bp、750 bp、1 000 bp 和 2 000 bp；P 表示阳性对照，目的条带大小为 313 bp；N 表示阴性对照；其他未标注泳道为检测样本。第一轮扩增样本 PCR 产物浓度低，电泳无法显示，均呈现阴性。

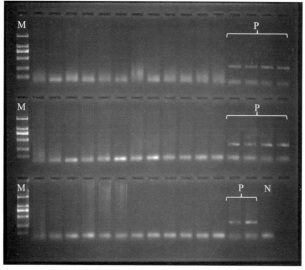

图 6.37　巢式 PCR 第一轮扩增电泳图

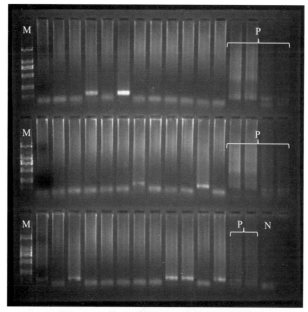

图 6.38　巢式 PCR 第二轮扩增电泳图

　　图 6.38 中 M 表示 marker，从下至上条带大小为 100 bp、250 bp、500 bp、750 bp、1 000 bp 和 2 000 bp；P 表示阳性对照，目的条带大小为 113 bp，阳性对照由于模板浓度过高，扩增产物有拖尾现象；N 表示阴性对照；其他未标注泳道为检测样本，有 113 bp 目的条带的样本为阳性。

3. 调查结果

1）宜昌至南京江段中华鲟环境 DNA 变动

繁殖期（11 月）在 9 个采样点检测到中华鲟环境 DNA，繁殖期之后（1 月）在 14 个采样点检测到中华鲟环境 DNA。长江中游的中华鲟环境 DNA 检测阳性率保持稳定，长江下游的检测阳性率在繁殖季节之后大幅上升。结果表明，中华鲟环境 DNA 分布具有与其洄游相应的动态变化，繁殖季节中华鲟在长江中游多江段均有分布（表 6.17）。

表 6.17　长江中下游中华鲟环境 DNA 监测结果

序号	分组	地址	中华鲟 eDNA	
			繁殖期	繁殖期后
1	一	宜昌	+	+
2	一	枝城镇		
3	二	枝江		
4	一	沙市	+	+
5	二	郝穴	+	+
6	一	石首	+	+
7	一	监利	+	+
8	二	君山		
9	一	螺山		
10	二	洪湖		+
11	一	新滩	+	
12	二	蔡甸		
13	一	汉口	+	+
14	二	华容		
15	一	黄石		
16	二	武穴	+	+
17	一	九江	+	+
18	一	马当		
19	二	安庆		
20	一	大通		+
21	二	无为		+
22	一	芜湖		+
23	二	马鞍山		+
24		南京		+

2）宜昌至南京江段其他鱼类环境 DNA 检测

通过鱼类通用引物线粒体细胞色素 b（mitochondrial cytochrome b，cftb）对第一次采样 24 个采样点的样本进行了扩增，其中 20 个采样点的样本获得了可检测的 PCR 产物，石首、黄石、马当和安庆 4 个采样点未获得扩增产物或 PCR 产物较弱无法测序。产物克隆测序共获得 419 条 DNA 序列，其中来源于 17 个采样点的 115 条序列通过生物大分子系列对比搜索工具（basic local alignment search tool，BLAST）搜索到 12 种脊椎动物匹配序列（无法区分的同类序列计为一种），包括 10 种鱼类序列（鲤（*Cyprinus carpio*）、鲢（*Hypophthalmichthys molitrix*）/鳙（*Aristichthys nobilis*）、草鱼（*Ctenopharyngodon idellus*）、鳊（*Parabramis pekinensis*）/三角鲂（*Megalobrama terminalis*）、餐（*Hemiculter leucisculus*）、光泽黄颡鱼（*Pelteobagrus nitidus*）、团头鲂（*Megalobrama amblycephala*）/厚颌鲂（*Megalobrama pellegrini*）/鲂（*Megalobrama skolkovii*）、华鳈（*Sarcocheilichthys sinensis*）、南方鲇（*Silurus meridionalis*）、短颌鲚（*Coilia brachygnathus*）/刀鲚（*Coilia nasus*）），以及原鸡（*Gallus gallus*）和智人（*Homo sapiens*）两种非鱼类物种（表 6.18）。

表 6.18　20 个采样点物种检测序列数

采样点	总序列数	匹配序列数	检出物种序列数											
			鲤	鲢/鳙[①]	草鱼	鳊[②]	餐	光泽黄颡鱼	团头鲂[③]	华鳈	南方鲇	短颌鲚[④]	原鸡	智人
宜昌	8	3	1	1										1
枝城	1	1			1									
枝江	4	1								1				
沙市	8	0												
郝穴	15	2				2								
监利	27	6	3	2			1							
君山	8	4	3				1							
螺山	15	0												
洪湖	16	1				1								
新滩	37	17		14				2		1				
蔡甸	18	2	1									1		
汉口	31	18	18											
华容	21	0												
武穴	39	3		3										
九江	23	3	2	1										
大通	28	2		1										1
无为	39	1			1									
芜湖	30	23		4		4			1			14		
马鞍山	22	15		13	2									
南京	29	13	4										8	1
合计	419	115	32	39	6	5	2	2	1	1	1	1	22	3

①检索序列与鲢、鳙序列匹配程度相同；②检索序列与鳊、三角鲂序列匹配程度相同；③检索序列与厚颌鲂、团头鲂、鲂序列匹配程度相同；④检索序列与短颌鲚、刀鲚序列匹配程度相同。

3）宜昌江段中华鲟环境 DNA 变动加密监测

宜昌江段调查结果如图 6.39 所示，葛洲坝坝下至庙嘴为历史监测结果显示的中华鲟产卵场，在本次实验中视为阳性江段，坝下至庙嘴的 6 个采样点中，2016 年 1 月 19 日、1 月 26 日和 2 月 3 日三次采样检测成功率（阳性采样点比例）分别为 100%、50% 和 83%，平均 77.7%。葛洲坝坝下江段、西坝江段和夷陵大桥江段在三次采样中均出现了阳性结果，可能为中华鲟群体聚集点，该结果与中华鲟历史分布状况相符。庙嘴以下江段在三次采样中阳性率分别为 66.7%、16.7% 和 33%，比庙嘴以上江段阳性率大幅下降，且后两次采样末 4 个采样点均呈阴性，表明上游环境 DNA 对下游影响有限。根据现有结果，推测中华鲟环境 DNA 在长江流水条件下在其分布江段可检测且具有可重复性，但也存在一定的随机性，重复采样有助于提高检测成功率。宜昌江段流速较大，环境 DNA 难以有效聚集，可能影响检测成功率。

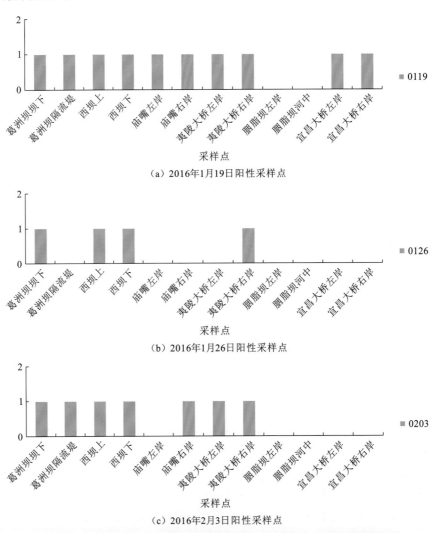

（a）2016年1月19日阳性采样点

（b）2016年1月26日阳性采样点

（c）2016年2月3日阳性采样点

图 6.39　宜昌江段 12 个采样点三次采样中华鲟环境 DNA 检测阳性结果

（注：纵坐标"0"代表阴性；"1"代表阳性）

6.2.5　疑似产卵场江段与葛洲坝产卵场对比分析

1. 水温条件比较

2015 年监测了宜昌、白浒镇、戴家洲、蕲州镇江段的水温，4 个江段在 11 月至次年 1 月总体为降温趋势，其中白浒镇、戴家洲、蕲州镇江段水温基本一致，差别较小，水温差别在 1℃以内。宜昌站水温明显高于其他三站水温，同期水温平均高约 5.6℃，12 月 1 日宜昌水温为 19.3℃，同期白浒镇、戴家洲、蕲州镇江段分别为 13.1℃、12.5℃、12.8℃，1 月 1 日宜昌站水温降至 17.1℃，白浒镇、戴家洲、蕲州镇江段降至 12.2℃、12.0℃、11.3℃，宜昌水温降幅较其他三站幅度大。1 月中下旬白浒镇、戴家洲、蕲州镇江段水温已降至 10℃以下，而宜昌站水温仍维持在 15℃以上。监测期间水温变化见图 6.40。

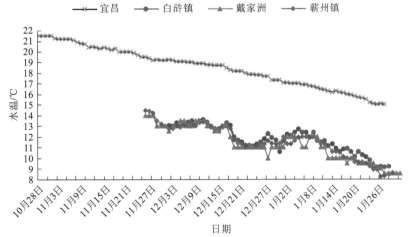

图 6.40　2015 年 10 月～2016 年 1 月宜昌站与白浒镇、戴家洲、蕲州镇调查江段水温比较

2. 水文水力学条件比较

葛洲坝坝下中华鲟产卵场在繁殖季节平均水深约 10 m，最深处可达 40 m，具有多样性的水深分布，本次调查重点江段中，白浒镇江段调查区域水深在 6～42 m，与葛洲坝坝下产卵场类似，戴家洲江段调查区域水深一般在 10～20 m，道士袱江段在 6～50 m。从水深来看，三个江段均有与葛洲坝产卵场相似的水深条件。

流速方面，葛洲坝坝下中华鲟产卵场产卵时流速在 1 m/s 以上，产卵场区域最大平均流速在 2 m/s 以上，且流速在断面的分布不均，靠近岸边流速一般在 0.5 m/s 以下，表层流速最大，底部流速最小。白浒镇江段上游左岸流速在 0.65～0.85 m/s，右岸在 0.85～1.05 m/s。深槽处流速在 1.2 m/s 上下，白浒镇探测江段中部浅滩、深槽区域流速条件与葛洲坝坝下中华鲟产卵场产卵时流速相类似。在戴家洲江段流速普遍小于 1 m/s，均小于葛洲坝坝下中华鲟产卵场产卵时流速，与葛洲坝坝下产卵场流速条件不太吻合。道士袱江段深槽上游江段平均流速 0.95～1.15 m/s，深槽流速在 0.7 m/s 以下，深槽以下主河道流速在 1 m/s 以上，部分主河道流速达 1.35 m/s 以上，与葛洲坝坝下产卵场流速条件更为相似。

流场的分布方面,葛洲坝坝下产卵场在流量 11 000 m³/s 下流场分布特点为:江心浅滩处流速明显比西坝深槽和笔架山深槽处流速要大,深槽处的流速明显比非槽处的流速要小。而在河床地形变化起伏较小的区域流速也相对平缓,沿河向下游水流更加顺直和集中,流速大小和方向变化较为平顺。调查的白浒镇江段地形起伏大的区域流速更为不均和复杂,深槽处流速与其他区域流速区别明显,流场的分布较为相似。戴家洲江段流场部分较为均匀,道士袱江段深槽处有大面积流速较小区域,深槽下部则流速明显增加,沿主河道流速分布也有较大差异,与葛洲坝坝下产卵场流场类似。

3. 河道地形及底质条件比较

在葛洲坝坝下产卵场近 4 km 的河道范围内,分布有近 1 km 长的西坝深坑、600 m 长的笔架山主槽,近 800 m 长的江心滩和几处明显的小滩包,河床地形起伏变化很大,呈深潭和浅滩交错分布。镇江阁下游河道,水下地形相对平坦,虽然也有深槽-浅滩交替出现的情况,但其深槽浅滩之间的落差相对较小,河道相对顺直。河床底质多为石砾或卵石,由左向右一般为沙质、卵石夹沙、卵石和礁板石组成。本次调查的白浒镇江段有边滩、浅滩和两处深槽,白浒镇深槽较长,地形特点为浅滩-深槽-浅滩-深槽,具有与葛洲坝坝下产卵场类似的地形条件。道士袱江段同样具有这种地形条件,地形特点为浅滩—深槽—浅滩分布格局,其中西塞山深槽面积达 900 km²,西塞山深槽上部和下部具有大面积浅滩。戴家洲江段在分汊处下游也存在浅滩和深槽,但深槽为狭长形,面积较小。

本次调查由于水体浑浊,水下摄像机未能调查江段底质情况,通过分析调查江段床沙质成果,表明白浒镇、戴家洲、道士袱、蕲州镇江段一般为沙卵石底质,床沙质粒径较小,白浒镇、戴家洲、蕲州镇最大粒径在 8 mm 以下,道士袱最大粒径为 21.4 mm,最大粒径小于葛洲坝坝下产卵场河道底质粒径,与葛洲坝坝下产卵场河床底质差异较大,但不排除个别区域存在大粒径卵石、岩石等河床底质。

6.2.6　中华鲟产卵场/栖息地分布及环境特征

根据金沙江历史产卵场及葛洲坝坝下中华鲟产卵场条件,收集中华鲟历史产卵场、葛洲坝坝下产卵场河道地形、水位、流量、流速、水温结构等水文特征,分析得出中华鲟繁殖群体栖息地环境条件,对武汉阳逻大桥至黄石道士袱江段可能存在的中华鲟产卵场进行了预判和识别,筛选了武汉阳逻大桥至黄石道士袱江段与葛洲坝中华鲟产卵场相似的 4 个江段:白浒镇、戴家洲、道士袱和蕲州镇。

1. 河道地形

河道地形方面,中华鲟的历史产卵场分布于金沙江下游的老君滩以下和长江上游的合江县以上,这些江段除具有从高山过渡到丘陵的河道、水流、河床底质等一般特点外,同时还与中华鲟对产卵场的长期自然选择有关。分析上述各个产卵场的基本特点,可以看出构成中华鲟产卵场的地形条件是:①上有深水急滩,下为宽阔石砾或卵石碛坝浅滩,中有深洼的洄水沱,河床底质必须具有岩石或卵石;②中华鲟的产卵场还必须具有使河流转向的峡谷，巨石或矶头、石梁等延伸于江中，以造成河道水面由宽变窄、河流转弯的河道水流特点。产卵场处于河流转弯或转向的外侧，使产出之鲟卵能冲散并散布于沿河下游的岩石上和宽广的碛坝上。

　　葛洲坝坝下中华鲟产卵场河道地貌形态为顺直微弯形，处于葛洲坝惯性消能区，河道地形起伏较大，河道组成结构较为复杂。平面分布特点：左岸（浅滩）—右岸（深槽）—右岸（浅滩）—左岸（深槽）。其中上产卵区包括江心浅滩一部分面积，在大江小面积浅滩和西坝深槽之间。下产卵区包括笔架山主槽和药厂浅滩。由此可见，中华鲟产卵场河道形态不一定为顺直型，大面积的深槽浅滩过渡是其产卵场选择的必备条件（图 6.41）。

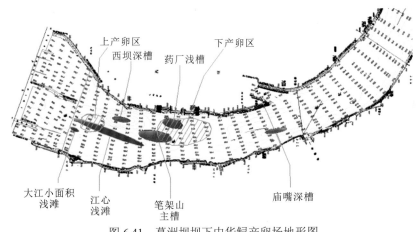

图 6.41　葛洲坝坝下中华鲟产卵场地形图

2. 水深

　　水深方面，葛洲坝坝下中华鲟产卵场横断面形状沿程分布多样性明显，多为复合型断面，中华鲟繁殖季节水深平均 10 m 左右，最深处达 40 m 以上（图 6.42）。

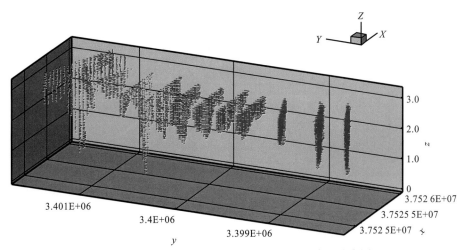

图 6.42　葛洲坝坝下中华鲟繁殖季节 10 月水深分布图

监测资料表明，中华鲟所在位置平均水深为 13.9 m，最大水深为 28.1 m，最小水深为 5.6 m，分布水深的 95%置信区间为 12.5～15.2 m。在水位 12～15 m 范围内监测到中华鲟次数最多。

3. 流速

流速方面，根据葛洲坝坝下江段 31 次中华鲟产卵统计数据，江水流速在 1.00～1.66 m/s 时中华鲟发生产卵的次数占了总数的 81%，流速适宜范围在 0.91～1.27 m/s。

4. 水温

水温方面，根据 1983～2013 年中华鲟产卵日水温的统计分析，中华鲟产卵起始日最低水温为 16.4℃（1987 年），最高水温为 21.4℃（1990 年），平均水温为 19.12℃。同时，在水温高于 21℃水温条件下中华鲟发生自然繁殖仅 1 次，在高于 22℃水温条件下未发现中华鲟繁殖行为的发生；在水温低于 17℃水温条件下中华鲟发生自然繁殖共两次，均为第二次繁殖发生时期的水温，在水温低于 16℃条件下同样未发现中华鲟的繁殖行为的发生。

中华鲟繁殖第一次繁殖时间绝大部分在 10～11 月，在 10 月之前和 12 月之后发生第一次自然繁殖的概率为 0。宜昌葛洲坝坝下产卵场水温频次分布为：产卵频次最高的为水温 18.0～19.4℃，17 次，中华鲟繁殖当日的适宜水温区间为 18.4～19.4℃。且中华鲟繁殖的活动多发生于水温下降过程期间，占总产卵频次的 89.13%。

5. 河床质及含沙量

河床质及含沙量方面，中华鲟历史产卵场河床底质为岩石，中华鲟产黏着性沉性卵，卵黏附于石砾上孵化。中华鲟产卵场的河床有石砾或卵石，河床底质由左向右一般为沙质、卵石夹沙、卵石和礁板石。通过葛洲坝坝下颗粒级配曲线可以看出，中华鲟产卵场的河床质主要是由卵石、岩石和沙子组成。1 mm 到 100 mm 的卵石 30%～40%，而大于 100 mm 的卵石占 40%～50%。河床底质的分布大致为主流区为大粒径卵石，庙嘴三江汇流区域卵石较为少见。中华鲟上、下主产卵区处于大粒径卵石区和较小卵石区的结合部，并非单一的卵石结构，同时分布沙质、岩石（表 6.19）。

表 6.19　葛洲坝坝下中华鲟产卵场底质粒径特征表

	采样编号	采样地点	最大粒径（mm）	中值粒径（mm）
卵石	1	船厂上 100 m	319	130
	2	船厂上 50 m	225	96
	3	江心处	335	130
	4	药厂～船厂	242	65
沙质	2	船厂上 500 m		0.24
	3	江心处		0.82
	5	庙嘴沙滩		0.315

根据中华鲟在历史产卵场的泥沙含量分析，中华鲟繁殖当日的泥沙含量为 0.228~1.460 kg/m^3，平均泥沙含量为 0.611 kg/m^3。17 次产卵活动发生于泥沙含量下降过程中，最大泥沙含量降幅为 0.30 kg/m^3/d，平均泥沙含量降幅为 0.091 kg/m^3/d。产卵活动多发生于泥沙含量下降过程中，少数发生于泥沙含量上升过程中。

6. 阳逻大桥至道士洑镇重点江段分析

根据中华鲟历史自然繁殖情况及产卵场河床地形条件，结合中华鲟自然繁殖水位、流量、流速、水深、水位、河道底质等偏好，统计三峡蓄水前后武汉关汉口水文站水温、含沙量、河床质情况，水温在 10~11 月平均为 17.8℃（1956~2013 年均值），河床组成在 1998~2010 年最大粒径范围 14.3~32.6 mm，大于 1 mm 的沙重百分数 1%~11%。在 10~11 月平均含沙量为 0.426 kg/m^3（1956~2013 年），三峡水库蓄水后（2003~2013 年）为 0.123 kg/m^3。根据历史产卵场及葛洲坝坝下产卵场条件和武汉至黄石江段河道地形及水文特征情况，预判和识别出武汉阳逻大桥至黄石道士洑江段有 4 个可能的中华鲟产卵场，分别如下。

1）白浒镇江段

白浒镇江段约 11 km，河道地形特点为：深潭和浅滩均有分布，上游有沐鹅洲，下游有白浒镇深槽，白浒镇为天然矶头，下游还有一处赵家矶边滩，以及赵家矶、泥矶等天然节点，滩体附近河宽为 4 km 左右，节点附近河宽为 2.1 km 左右。滩面平均水深 5 m，河槽平均水深 11 m。

2）戴家洲直港汊道（右汊）中下段

戴家洲江段约 10 km，地形特点为：上游有新淤洲等小滩体，下游有回风矶深槽，回风矶为天然矶头，河道内有浅滩和深槽交错分布，滩体附近河宽约为 3.1 km，节点附近河宽约为 1.2 km。滩面平均水深 6 m，河槽平均水深超过 15 m。

3）道士洑河段

道士洑河段范围约 20 km，河道地形特点为：上游有黄石边滩，中部有西塞山节点和深槽，下游有牯牛沙边滩，滩体附近河宽约为 2.6 km，节点附近河宽约为 0.8 km，黄石港水位统计估算滩面平均水深 5 m，河槽平均水深超过 30 m。

4）蕲州镇江段

蕲州镇江段范围约 15 km，河道地形条件为：上游有蕲州，中部有凸出石嘴，下游左岸有贴岸边滩，滩体附近河宽为 3.7 km 左右，节点附近河宽为 1.6 km 左右。滩面平均水深 5 m，河槽平均水深超过 30 m。

白浒镇江段、戴家洲江段、道士洑江段水文底质调查结果表明，河道地形特征均为深槽和浅滩的交错分布，水深和流速分布复杂，河道地形、水深、流速与葛洲坝坝下中华鲟产卵场有相似之处，其中道士洑江段深槽水深超过 50 m，平均流速差异最大，白浒镇江段深槽水深超过 40 m，流速差异较道士洑江段偏小，戴家洲江段深槽水深超过 20 m，流速分布较为均匀；武汉至黄石江段床沙质粒径较小，最大粒径 15.7 mm，小于葛洲坝坝下产卵场河道底质粒径，与葛洲坝坝下产卵场河床底质差异较大，但不排除个别区域存在大粒径卵石、岩石等河床底质；10～11月水温平均为17.8℃，在中华鲟自然繁殖水温范围之内；综合分析河道底质和水文调查结果，道士洑江段具备与葛洲坝坝下中华鲟产卵场栖息地生境条件相似的可能性最高，白浒镇江段次之，戴家洲江段具备与葛洲坝下中华鲟产卵场栖息地生境条件的相似度可能性较低。

6.2.7　中华鲟产卵场调查技术方案分析

1. 河道底质和水文特征调查

现有河道底质调查设备为光学水下摄像成像系统，受水体浑浊度影响较大，只能在水体清澈的江段使用，1月武汉至黄石江段水体浑浊无法成像，加之调查江段水深较深，尤其是深槽水深超过40 m，光学摄像成像系统受到很大影响，需下潜深度大，操作耗时长，深槽的底质调查可能无法达到预期效果。水文调查中，监测的江段范围广，需要结合水声学调查结果对中华鲟栖息微生境地开展监测。受河道地形、航行船只的影响和限制，监测船对沿岸的调查薄弱。

2. 水声学调查

本次渔业声学调查的范围较大（160 km江段），调度方式多样、调查密度较高，但是获得的中华鲟疑似信号数量有限，无法完整的确定中华鲟在该江段的时空分布状况。调查需结合双频（120 KHz和70 KHz）方法获得的数据，进行大目标信号以及中华鲟回波信号的进一步确认。

由于探测江段泥沙含量较高，悬浮泥沙由于粒径与探测声波波长相当（尤其是在高频120 KHz探测条件下），产生的瑞利散射直接对目标信号产生了屏蔽作用，对低目标强度信号的单体检测产生了一定的困难，因此通过双频（120 KHz和70 KHz）获得的数据，进行频差分析，扣除泥沙对回波信号的影响。调查需结合NASC结果以及各江段渔获物组成、规格等数据，进行探测江段鱼类密度的统计。

应对鱼类（尤其是中华鲟疑似信号、强信号目标等）主要的聚集水域的生境条件进行系统分析，结合中华鲟繁殖历史产卵场、葛洲坝产卵场的生境条件，剖析出潜在的中华鲟产卵场及范围。

3. 食卵鱼调查

武汉新洲双柳镇11月22日，水温已经低于历史中华鲟产卵水温低于15.3～20.2℃的温度范围；黄石、蕲州江段自11月25日以后，水温已经低于历史中华鲟产卵水温低于15.3～20.2℃的温度范围。在当前温度下，中华鲟不能产卵，所以从双柳镇江段往下游江段（本项目为安庆江段）可以停止监测工作，而将监测努力放在以上江段。除非参照国外鲟鱼，在低于15℃，6～15℃范围内，仍可出现产卵行为，之后在该江段及以下江段监测才有意义。水温低于12℃时，采集到的鱼类消化道充塞度几乎为0，这种情况预示着通过食卵鱼监测中华鲟产卵已不再可行；沿长江中下游增加对中华鲟仔稚鱼的监测力度；在春节水温升温过程中，中华鲟有可能产卵，应当增加第二年春季江水水温为 15.3～20.2 ℃时的中华鲟产卵行为监测。

4. 环境 DNA 调查

本次长江中华鲟环境 DNA 试验性监测结果表明环境 DNA 检测技术可以为长江中华鲟群体分布研究提供技术支撑，对于种群密度小且存在采样困难的中华鲟群体，环境 DNA 检测具有一定优势。但目前中华鲟环境 DNA 检测技术方案还存在明显不足，需要进一步改进和完善。

由于从长江水样中提取的环境 DNA 中目标物种的环境 DNA 可能浓度极低，需要高敏感度同时高度特异性的稳定分子标记，目前开发的大多数特异性引物在低浓度 DNA 条件下检测成功率较低。利用 Taqman 探针的荧光实时定量 PCR 理论上可兼顾特异性和敏感度，但目前设计的多对引物检测下限较高，无法实现低浓度目的片段检测，需要继续寻找合适的位点并设计相应引物和探针。

对照组阳性结果提示污染存在，其中样本本身的污染可能来自采样或 DNA 提取过程中交叉污染，PCR 污染可能来自反应体系或实验环境。巢式 PCR 利用两轮 PCR 大大提高了检测敏感度，由于其过程中需要开盖操作且有两轮 PCR 进行目的片段扩增放大，相比单次 PCR 增加了假阳性发生的可能性，且阳性污染源可能以气溶胶等各种状态存在于实验室环境各处，在长期连续实验过程中难以有效去除，除常规消毒灭菌和无菌操作外，需采取进一步污染控制措施，如设置专用移液器、使用带滤芯的枪头等，同时增加多节点阴性对照，以监测检测过程中各详细步骤。在采样过程中，如使用一次性无菌漏斗可减少采样过程中样本交叉污染的可能性，DNA 提取过程可尝试采用自动化批量 DNA 提取，可提高提取效率。如无法有效控制污染，则巢式 PCR 在今后的调查中可用性将受到局限。

由于低模板浓度的目的 DNA 高敏感度检测在 PCR 过程中存在一定的不稳定性，通过多次重复 PCR 来验证阳性结果的可重复性，有助于较少假阳性结果带来的偏差，提高检测结果的可靠性。由于环境 DNA 采样具有一定随机性，采集 3 个平行样本有利于提高检测成功率。

由于荧光实时定量引物设计不理想，未能对中华鲟环境 DNA 进行定量分析，样本阳性率可能受其他因素影响，不能单独作为环境 DNA 浓度的判断依据，所以现有结果无法完全反应各采样点中华鲟群体资源量。由于长江中中华鲟环境 DNA 可能有活动个体以外的多重来源，如食卵鱼、鱼体残骸等，且 PCR 检测可能出现假阳性或假阴性结果，所以需结合其他调查方法结果综合判断中华鲟产卵场和聚集地。

参考文献

蔡玉鹏, 万力, 杨宇, 等, 2010. 基于栖息地模拟法的中华鲟自然繁殖适合生态流量分析[J]. 水生态学杂志 (3): 1-6.

常剑波, 陈永柏, 高勇, 等, 2008. 水利水电工程对鱼类的影响及减缓对策[C]//中国水利学会 2008 年学术年会论文集. 北京: 水利水电出版社.

常剑波, 1999, 长江中华鲟繁殖群体结构特征和数量变动趋势研究[D]. 武汉: 中国科学院研究生院.

陈诚, 黎明政, 高欣, 等, 2020. 长江中游宜昌江段鱼类早期资源现状及水文影响条件[J]. 水生生物学报, 44(5): 1055-1063.

陈进, 黄薇, 张卉, 2006. 长江上游水电开发对流域生态环境影响初探[J]. 水利发展研究(8):10-13.

陈敏建, 丰华丽, 王立群, 等, 2007. 适宜生态流量计算方法研究[J]. 水科学进展, 18(5): 745-750.

崔磊, 2017. 长江水电开发与生态环境保护[J]. 水力发电, 43(7): 10-12.

戴会超, 张培培, 董坤, 等, 2014. 面向四大家鱼繁殖需求的水库生态调控模拟研究[J]. 水利水电技术(8): 130-133.

董哲仁, 张晶, 赵进勇, 2020. 生态流量的科学内涵[J]. 中国水利(15): 15-19.

董哲仁, 赵进勇, 张晶, 2017. 环境流计算新方法: 水文变化的生态限度法[J]. 水利水电技术, 48(1): 11-17.

付超, 2006. 世界自然保护联盟关于环境流的认识[J]. 水利水电快报, 27(11): 1-4.

郭文献, 夏自强, 王远坤, 等, 2009. 三峡水库生态调度目标研究[J]. 水科学进展, 20(4): 554-559.

郭文献, 谷红梅, 王鸿翔, 等, 2011. 长江中游四大家鱼产卵场物理生境模拟研究[J]. 水力发电学报(5): 68-72.

蒋志刚, 2000. 物种濒危等级划分与物种保护[J]. 生物学通报, 35(9):1-5.

李翀, 彭静, 廖文根, 2006. 长江中游四大家鱼发江生态水文因子分析及生态水文目标确定[J]. 中国水利水电科学研究院学报, 4(3): 170-176.

李建, 夏自强, 2011. 基于物理栖息地模拟的长江中游生态流量研究[J]. 水利学报(6): 678-684.

李礼, 喻航, 刘浩, 等, 2019. 三峡库区支流"水华"现状及防控对策[J]. 安徽农业科学, 47(3): 64-66, 69.

李清清, 覃辉, 陈广才, 等, 2011. 基于人造洪峰的三峡梯级生态调度仿真分析[J]. 长江科学院院报, 28(12): 112-117.

李若男, 陈求稳, 蔡德所, 等, 2009. 水库运行对下游河道水环境影响的一维-二维耦合水环境模型[J]. 水力学报, 40(7): 769-775.

廖小林, 朱滨, 常剑波, 2017. 中华鲟物种保护研究[J]. 人民长江, 48(11): 16-20.

林俊强, 李游坤, 刘毅, 等, 2022. 刺激鱼类自然繁殖的生态调度和适应性管理研究进展[J]. 水利学报, 53(4): 483-495.

林鹏程, 王春伶, 刘飞, 等, 2019. 水电开发背景下长江上游流域鱼类保护现状与规划[J]. 水生生物学报 (43): 130-143.

刘悦忆, 朱金峰, 赵建世, 2016. 河流生态流量研究发展历程与前沿[J]. 水力发电学报, 35(12): 23-34.

欧阳丽, 诸葛亦斯, 温世亿, 等, 2014. 基于鱼类生物量法的河道生态需水过程研究及应用[J]. 南水北调与水利科技, 12(4): 62-67.

邱顺林, 刘绍平, 黄木桂, 等, 2002. 长江中游江段四大家鱼资源调查[J]. 水生生物学报, 26(6): 716-718.

桑连海, 陈西庆, 黄薇, 2006. 河流环境流量法研究进展[J]. 水科学进展, 17(5): 754-760.

宋利祥, 周建中, 王光谦, 等, 2011. 溃坝水流数值计算的非结构有限体积模型[J]. 水科学进展, 22(3): 374-381.

唐会元, 余志堂, 梁秩燊, 等, 1996. 丹江口水库漂流性鱼卵的下沉速度与损失率初探[J]. 水利渔业(4): 25-27.

唐晓燕, 曹学章, 王文林, 2013. 美国和加拿大水利工程生态调度管理研究及对中国的借鉴[J]. 生态与农村环境学报, 29(3): 394-402.

陶江平, 乔晔, 杨志, 等, 2009. 葛洲坝产卵场中华鲟繁殖群体与繁殖规模评估及变动趋势分析[J]. 水生态杂志, 2(2): 37-43.

陶江平, 艾为民, 龚昱田, 等, 2010. 采用渔业声学方法和 GIS 模型对温州楠溪江鱼类资源量的评估[J]. 生态学报, 30(11): 2992-3000.

王俊娜, 2011. 基于水文过程与生态过程耦合关系的三峡水库多目标优化调度研究[D]. 北京: 中国水利水电科学研究院.

王煜, 唐梦君, 戴会超, 2016. 四大家鱼产卵栖息地适宜度与大坝泄流相关性分析[J]. 水利水电技术(1): 107-112.

危起伟, 陈细华, 杨德国, 等, 2005. 葛洲坝截流 24 年来中华鲟产卵群体结构的变化[J]. 中国水产科学, 12(4): 452-457.

魏念, 张燕, 吴凡, 等, 2021. 三峡库区鱼类群落结构现状及变化[J]. 长江流域资源与环境, 30(8): 1858-1869.

吴金明, 王成友, 张书环, 等, 2017. 从连续到偶发: 中华鲟在葛洲坝下发生小规模自然繁殖[J]. 中国水产科学, 24(3): 425-431.

吴旭, 严美姣, 李钟杰, 2010. 长江中下游不同地理种群鳜遗传结构研究[J]. 水生生物学报, 34(4): 843-850.

谢平, 2018. 三峡工程对长江中下游湿地生态系统的影响评估[M]. 武汉: 长江出版社.

谢悦, 夏军, 张翔, 等, 2017. 基于淮河中游鱼类不同等级生境保护目标的生态需水[J]. 南水北调与水利科技, 15(5): 76-81.

徐薇, 刘宏高, 唐会元, 等, 2014. 三峡水库生态调度对沙市江段鱼卵和仔鱼的影响[J]. 水生态学杂志, 35(5):1-8.

徐薇, 杨志, 陈小娟, 等, 2020. 三峡水库生态调度试验对四大家鱼产卵的影响分析[J]. 环境科学研究, 33(5):1129-1139.

杨志, 唐会元, 龚云, 等, 2017. 正常运行条件下三峡库区干流长江上游特有鱼类时空分布特征研究[J]. 三峡生态环境监测, 2(1): 1-10.

易伯鲁, 余志堂, 梁秩燊, 等, 1988. 葛洲坝水利枢纽与长江四大家鱼[M]. 武汉: 湖北科学技术出版社.

张辉, 危起伟, 杜浩, 等, 2008. 中华鲟自然繁殖行为发生与气象状况的关系[J]. 科技导报, 26(17): 42-48.

张陵, 郭文献, 李泉龙, 2022. 长江流域珍稀特有物种中华鲟生态保护措施[J]. 华北水利水电大学学报(自然科学版), 43(1): 96-102.

曾祥胜, 1990. 人为调节涨水过程促使家鱼自然繁殖的探讨[J]. 生态学杂志, 9(4): 20-23.

曾祥琮, 等, 1990. 长江水系渔业资源:全国渔业资源调查和区划专集[M]. 北京, 海洋出版社.

赵越, 周建中, 许可, 等, 2012. 保护四大家鱼产卵的三峡水库生态调度研究[J]. 四川大学学报(工程科学版), 44(4): 45-50.

赵越, 周建中, 常剑波, 等, 2013. 模糊逻辑在物理栖息模拟中的应用[J]. 水科学进展(3): 427-435.

赵长森, 刘昌明, 夏军, 等, 2008. 闸坝河流河道内生态需水研究——以淮河为例[J]. 自然资源学报, 23(3): 400-411.

周春生, 梁秩燊, 黄鹤年, 1980. 兴修水利枢纽后汉江产漂流性卵鱼类的繁殖生态[J]. 水生生物学报, 7(2): 175-188.

周汉书, 1990. 钱塘江水利工程对鲥鱼的影响[J]. 资源开发与保护杂志, 6(1): 57-59.

周雪, 王珂, 陈大庆, 等, 2019. 三峡水库生态调度对长江监利江段四大家鱼早期资源的影响[J]. 水产学报, 43: 1781-1789.

ARTHINGTON A H, 2012. Environmental flows-saving rivers in third millennium[M]. Berkeley: University of California Press.

BRAIN D R, JEFFREY V BR, DAVID P B, et al., 1998. A spatial assessment of hydrologic alteration within a river network[J]. Regulated rivers: research and management, 14(4):329-340.

CHRISTOPHER P, KONRAD, JULIAN D O, et al., 2011. Large-scale flow experiments for managing river systems[J]. BioScience, 61(12): 948-959.

DRAUCH A, RODZEN J, IRELAND S, et al., 2012. Genetic techniques inform conservation aquaculture of the endangered kootenai river white sturgeon acipenser transmontanus[J]. Endangered species research(16): 65-75.

GAO X, BROSSE S, CHEN Y, et al., 2009. Effects of damming on population sustainability of chinese sturgeon, acipenser sinensis: Evaluation of optimal conservation measures[J]. Environmental biology of fishes, 86(2), 325-336.

GUO W X, WANG H X, XU J X, et al., 2011. Ecological operation for Three Gorges Reservoir[J]. Water science and engineering, 4(2): 143-156.

HIGGINS J M, BROCK W G, 1999. Overview of reservoir release improvements at 20 tva dams[J]. Journal of energy engineering, 125(1): 1-17.

IUCN, 2010. Guidelines for application of IUCN Red list criteria at regional and national levels (ver. 4.0)[M]. New York:IUCN Species Survival Commission.

KARR J R, 1981. Assessment of biotic integrity using fish communities[J]. Fisheries, 6(6): 21-27.

KING A J, WARD K A, CONNOR P O, et al., 2010. Adaptive management of an environmental watering event to enhance native fish spawning and recruitment[J]. Freshwater biology, 55(1):17-31.

KOEHN J D, BALCOMBE S R, ZAMPATTI B P, 2019. Fish and flow management in the Murray-Darling Basin: Directions for research[J]. Ecological management and restoration, 20(2):142-150.

KONRAD C P, WARNER A, HIGGINS J V, 2012. Evaluating dam re-operation for freshwater conservation in the sustainable rivers project[J]. River research and applications, 28: 777-792.

LECLERC E, MAILHOT Y, MINGELBIER M, et al., 2008. The landscape genetics of yellow perch (perca flavescens) in a large fluvial ecosystem[J]. Molecular ecology, 17: 1702-1717.

LI M Z, GAO X, YANG S R, et al., 2013. Effects of environmental factors on natural reproduction of the four major Chinese carps in the Yangtze River, China[J]. Zoological science, 30(4): 296-303.

LOVICH J, MELIS T S, 2007. The state of the Colorado River ecosystem in Grand Canyon: Lessons from 10 years of adaptive ecosystem management[J]. International journal of river basin management, 5(3): 207-221.

MA C, XU R, HE W, et al., 2020. Determining the limiting water level of early flood season by combining multiobjective optimization scheduling and copula joint distribution function: A case study of three gorges reservoir[J]. Science of the total environment, 737: 139789.

MORITA K, MORITA S H, YAMAMOTO S, 2009. Effects of habitat fragmentation by damming on salmonid fishes:Lessons from white-spotted charr in Japan[J]. Ecological research, 24(4): 711-722.

MUSIL J, HORKY P, SLAVÍK O, et al., 2012. The response of the young of the year fish to river obstacles: Functional and numerical linkages between dams, weirs, fish habitat guilds and biotic integrity across large spatial scale[J]. Ecological indicators (23): 634-640.

NERAAS L P, SPRUELL P, 2001. Fragmentation of riverine systems: the genetic effects of dams on bull trout (salvelinus confluentus) in the Clark Fork River system[J]. Molecular ecology(10): 1153-1164.

PETESSE M L, PETRERE M, 2012. Tendency towards homogenization in fish assemblages in the cascade reservoir system of the Tietê River basin, Brazil[J]. Ecological engineering, 48: 109-116.

PIPER A T, WRIGHT R M, WALKER A M, et al., 2013. Escapement, route choice, barrier passage and entrainment of seaward migrating European eel, anguilla, within a highly regulated lowland river[J]. Ecological engineering, 57: 88-96.

PIPERAC M S, MILOŠEVIĆ D, SIMIĆ V, 2015. The application of the abundance/biomass comparison method on riverine fish assemblages: limits of use in lotic systems[J]. Biologica nyssana, 6(1): 25-32.

RICHTER B D, BAUMGARTNER J V, BRAUN D P, et al., 1998.A spatial assessment of hydrologic alteration within a river network[J]. Regulated rivers: research and management, 14(4): 329-340.

RICHTER B D, THOMAS G A, 2007. Restoring environmental flows by modifying dam operations[J]. Ecology and society, 12 (1): 12-15.

RICHTER B D, WAMER A T, MEYER J L, et al., 2006. A collaborative and adaptive process for developing environmental flow recommendations[J]. River research and applications, 22(3): 297-318.

SANTUCCI J R, GEPHARD S R, PESCITELLI S M, 2005. Effects of multiple low-head dams on fish, macroinvertebrates, habitat, and water quality in the Fox River, Illinois[J]. North American journal of fisheries management, 25(3): 975-992.

SCHLUETER U, 1971. Ueberlegungen zum naturnahen ausbau von wasseerlaeufen[J]. Landschaft und stadt, 9(2): 72-83.

SOUCHON Y, SABATON C, DEIBEL R, et al., 2008. Detecting biological responses to flow management: missed opportunities; future directions[J]. River research and applications, 24(5): 506-518.

TAO J P, GONG Y T, TAN X C, et al., 2012. Spatiotemporal patterns of the fish assemblages downstream of the Gezhouba Dam on the Yangtze River[J]. Science China life sciences, 55: 626-636.

TAO J P, YANG Z, CAI Y P, et al., 2017. Spatiotemporal response of pelagic fish aggregations in their spawning grounds of middle Yangtze to the flood process optimized by the Three Gorges Reservoir operation[J]. Ecological engineering, 103: 86-94.

TAYLOR C M, MILLICAN D S, ROBERTS M E, et al., 2008. Long-term change to fish assemblages and the flow regime in a southeastern U.S. riversystem after extensive aquatic ecosystem fragmentation[J]. Ecography, 31: 787-797.

VEHANEN T, JURVELIUS J, LAHTI M, 2005. Habitat utilization by fish community in a short-term regulated river reservoir[J]. Hydrobiologia, 545(1): 257-270.

WANG P F, SHEN Y X, WANG C, et al., 2017. An improved habitat model to evaluate the impact of water conservancy projects on Chinese sturgeon (acipenser sinensis) spawning sites in the Yangtze River, China[J]. Ecological engineering, 104: 165-176.

WARD J V, STANFORD J A, 1979. The ecology of regulated streams[M]. New York: Plenum Press.

WARNER A T, BACH L B, HICKEY J T, 2014. Restoring environmental flows through adaptive reservoir management: planning, science, and implementation through the Sustainable Rivers Project[J]. Hydrological sciences journal-journal des sciences hydrologiques, 59(3): 770-785.

WARWICK R, 1986. A new method for detecting pollution effects on marine macrobenthic communities[J]. Marine biology, 92(4): 557-562.

YANG D G, WEI Q W, CHEN X H, et al., 2007. Hydrological Status of the spawning ground of Acipenser sinensis underneath the Gezhouba Dam and its relationship with the spawning runs[J]. Acta ecologica sinica, 27(3): 862-868.

YANG Z, TAO J P, QIAO Y, et al., 2018. Multivariate analysis performed to identify the temporal responses of fish assemblages to abiotic changes downstream of the Gezhouba Dam on the Yangtze River[J]. River research and applications, 34(9): 1142-1150.

YANG Z, ZHU D, ZHU Q, et al., 2020. Development of new fish-based indices of biotic integrity for estimating the effects of cascade reservoirs on fish assemblages in the upper Yangtze River, China[J]. Ecological indicators, 119: 106860.

YAO W, RUTSCHMANN P, SUDEEP, 2015.Three high flow experiment releases from Glen Canyon Dam onrainbow trout and flannelmouth sucker habitat in Colorado River[J]. Ecological engineering, 75: 278-290.

YI Y J, WANG Z Y, YANG Z F, 2010. Impact of the Gezhouba and Three Gorges Dams on habitat suitability of carps in the Yangtze River[J]. Journal of hydrology, 387(3): 283-291.

YU Y, WANG C, WANG P F, et al., 2017. Assessment of multi-objective reservoir operation in the middle and lower Yangtze River based on a flow regime influenced by the Three Gorges Project[J]. Ecological informatics, 38: 115-125.

ZHANG G H, CHANG J B, SHU G F, 2000. Applications of factor-criteria system: reconstruction analysis of the reproduction research on grass carp, black carp, silver carp and bighead in the Yangtze river[J]. International journal of general systems, 29(3): 419-428.

ZHOU J Z, ZHAO Y, SONG L X, et al., 2014. Assessing the effect of the Three Gorges reservoir impoundment on spawning habitat suitability of Chinese sturgeon (acipenser sinensis) in Yangtze River, China[J]. Ecological informatics, 20: 33-46.